KB273276

코바늘로 만드는
친환경 생활소품

Lady Boutique Series No. 3010 CHIKYUU NI YASASHII KAGIBARIAMI
NO ECO TAWASHI TO KOMONO

Copyright © 2010 BOUTIQUE-SHA, INC.

All rights reserved.

Original Japanese edition published by BOUTIQUE-SHA, INC.

Korean translation rights © 2014 by Mentor, Inc.

Korean translation rights arranged with BOUTIQUE-SHA, INC. Tokyo

through EntersKorea Co., Ltd. Seoul, Korea

코바늘로 만드는
친환경 생활소품

Sachiyo ＊ Fukao 지음 | **주은숙** 감수 | **김수연** 옮김

노란우산

코바늘로 만드는 친환경 생활소품

초판 1쇄 발행 2014년 4월 10일

지은이 | Sachiyo ＊ Fukao
감　수 | 주은숙
옮긴이 | 김수연
펴낸이 | 정연금
펴낸곳 | 멘토르

책임편집 | 이수정
기　획 | 김미숙, 이동근, 강지예, 조원선
진　행 | 심은정
표지 및 본문 디자인 | 장지윤
마 케 팅 | 나길훈
경영지원 | 유진희

등　록 | 2004년 12월 30일 제302-2004-00081호
주　소 | 서울시 마포구 동교동 198-5 신흥빌딩 3층
전　화 | 02-706-0911
팩　스 | 02-706-0913
홈페이지 | http://www.mentorbook.co.kr
Email | mentor@mentorbook.co.kr

ISBN 978-89-6305-681-4 (13590)

※ 책값은 뒤표지에 있습니다.
※ 잘못된 책은 구입한 서점에서 바꿔드립니다.

노란우산은 (주)멘토르출판사의 아동 및 실용 전문 출판 브랜드입니다.

멘토르출판사와 노란우산은 여러분의 참신한 아이디어와 소중한 원고를 기다리고 있습니다.
좋은 기획안 또는 원고가 있는 분은 mentor@mentorbook.co.kr로 보내주십시오.

감수의 글

처음 손뜨개 바늘을 잡는 사람들에게는 작은 소품들이 도전하기 쉽습니다.

이 책에는 보는 것만으로도 즐거움을 주는 알록달록한 색감의 소품들, 나도 따라할 수 있을 것 같은 의욕을 불어넣어주는 작품들이 가득합니다. 알차게 채워 넣은 80여 가지가 넘는 소품들은 작지만 여러 모로 요긴하게 사용할 수 있죠. 무엇보다 뜨는 방법이 상세하게 설명되어 있어 하나하나 따라 하다 보면 완성이 어렵지 않습니다.

소품은 선물하기도 좋습니다. 부담 없이 뜰 수 있지만 정성은 가득 넘쳐나므로 받는 사람에게 큰 감동을 줄 수 있는 아이템입니다. 또 이 책의 작품들은 친환경 실을 사용해서 지구 환경에도 좋답니다.

봄, 여름, 가을, 겨울 어느 계절이든 상관없이 뜨개질을 즐길 수 있는 소품 만들기로 행복한 시간 많이 만들길 바랍니다.

주은숙

CONTENTS

왕초보를 위한 뜨개질의 기본 

뜨개질 기본 준비물

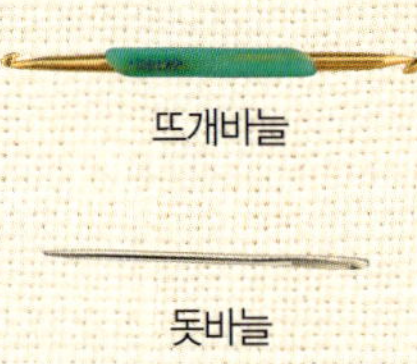

뜨개바늘

돗바늘

실

가위

줄자

뜨개바늘과 실: 뜨고자 하는 작품에 맞는 것으로 준비한다.

가위: 끝이 뾰족한 가위가 좋다.

줄자: 작품의 크기를 잴 때 사용한다.

기타: 작품에 따라 추가로 필요한 준비물(단추, 솜 등)

뜨개바늘의 종류

코바늘은 끝이 갈고리 모양으로 이 갈고리에 실을 걸어 뜬다. 모양에 따라 한쪽에 손잡이가 달린 것이나 양쪽에 갈고리가 달린 것, 그냥 한쪽에만 갈고리가 달린 것들이 있다.

바늘의 굵기는 호수로 구분하는데 0호를 기본으로 2/0~10/0까지 있다. 호수가 클수록 바늘의 굵기가 굵어진다. 0호보다 가늘면 '레이스용 코바늘'이라고 하는데 보통 섬세한 작품을 뜰 때 많이 사용한다. 이때는 숫자가 클수록 굵기가 가늘어진다. 반대로 10/0보다 굵으면 mm로 표시하고 '점보 코바늘'이라고 한다. 바늘은 작품에 따라 알맞은 것을 골라 사용한다.(이 책에 나온 7.5/0호 코바늘은 7/0호 또는 8/0호 코바늘로 대용해도 된다.)

실의 종류

뜨개실은 모, 면, 마, 합성사 등 다양한 재질로 만든다. 꼬임이나 모양에 따라서도 구분하는데 초보자는 보통 스트레이트 얀이라고 하는 실을 많이 쓴다. 실의 굵기는 ply로 나누는데 숫자가 클수록 굵어진다. 같은 도안을 보고 떠도 실의 종류에 따라 크기가 달라진다. 굵은 실로 뜨면 그만큼 더 크게 나오는 것이다.

실	대바늘	코바늘
4~5ply	3~4mm	3/0~5/0호
7~8ply	4~5mm	4/0~6/0호
10ply	5~5.5mm	6/0~7/0호
12ply	5.5~6.5mm	7/0~8/0호
15ply	7~9mm	10/0~호

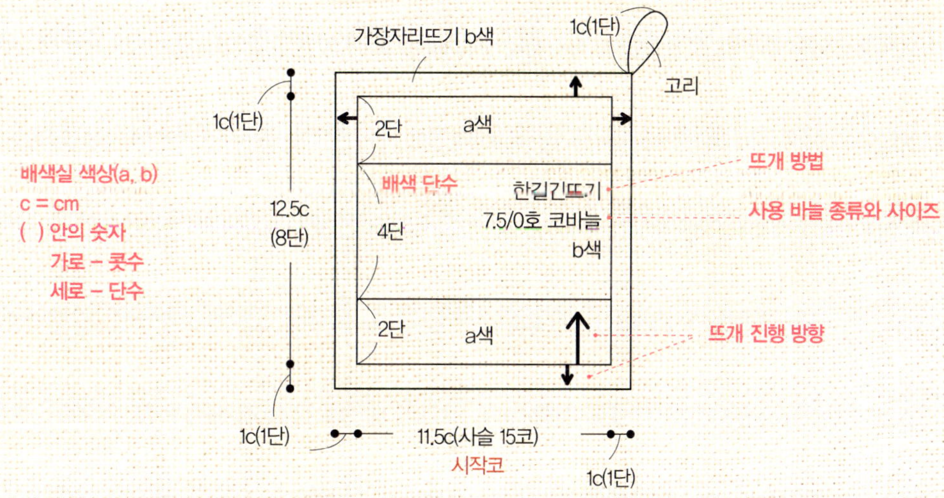

❶ 코바늘 7.5/0호를 사용하여 a색상 실로 사슬코 15코 시작코를 만든다.

❷ 한길긴뜨기로 2단을 뜬 후 b색상으로 바꿔 4단을 뜬다.

❸ 다시 a색상으로 바꿔 2단을 뜬다.

❹ b색상으로 바꿔 완성된 뜨개질 테두리를 따라 가장자리뜨기로 한 단 돌려 뜨면서 모서리에 고리를 만든다.

코바늘뜨기 뜨개도안 보는 법

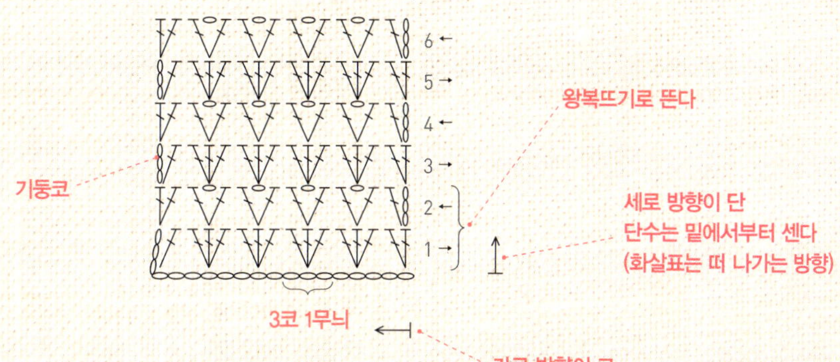

게이지

'게이지'란 일정한 면적 안에 들어가는 뜨개코의 평균밀도로, 일반적으로 10㎠ 안에 들어가는 콧수와 단수를 나타낸다. 게이지는 뜨는 사람의 손놀림에 따라 바뀌기 때문에 책에 나와 있는 지정된 실과 뜨개바늘로 떠도 같은 치수가 되지는 않는다. 반드시 미리 떠보고 자신의 게이지를 재도록 한다.

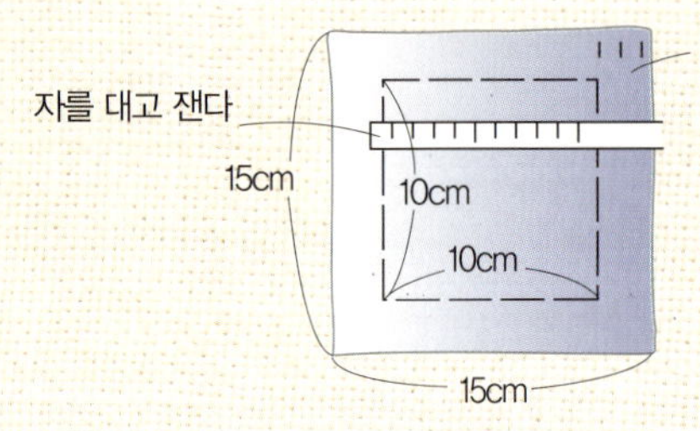

코가 눌리지 않을 정도로만 가볍게 스팀다리미로 다리고 나서 중앙의 10㎠의 콧수·단수를 센다.
※ 책의 지정 게이지보다 콧수·단수가 많을(코가 팽팽할) 경우에는 굵은 바늘로, 적을(코가 느슨할) 경우에는 가는 바늘로 바꿔서 뜨는 것이 좋다

왕복뜨기

1단마다 편물을 바꿔 잡고, 편물의 겉쪽과 안쪽을 번갈아 보면서 뜨는 방법

1단씩 번갈아 겉쪽과 안쪽을 보면서 화살표 방향으로 떠 나간다. (화살표가 왼쪽 방향일 때는 겉쪽을 보면서, 화살표가 오른쪽 방향일 때는 안쪽을 보면서 뜬다)

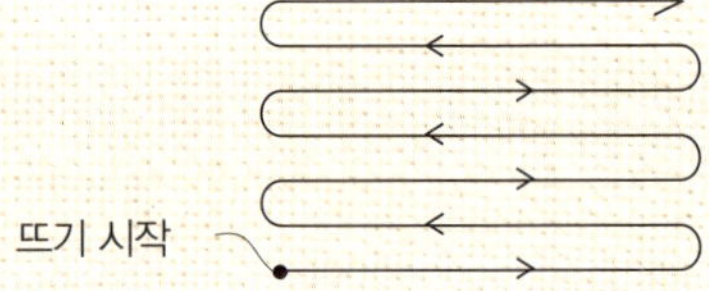

원형뜨기

중심에서부터 뜨기 시작하는 경우

원형뜨기 시작코를 만든 다음 중심에서부터 바깥쪽을 향해 떠 나간다.

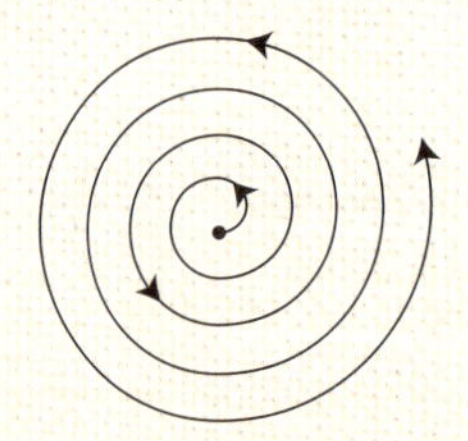

원통뜨기

사슬뜨기로 코를 만든 다음 1단을 다 뜰 때마다 그 단의 맨 처음 코에 빼뜨기로 연결한다. 나선형으로 떠 나간다.

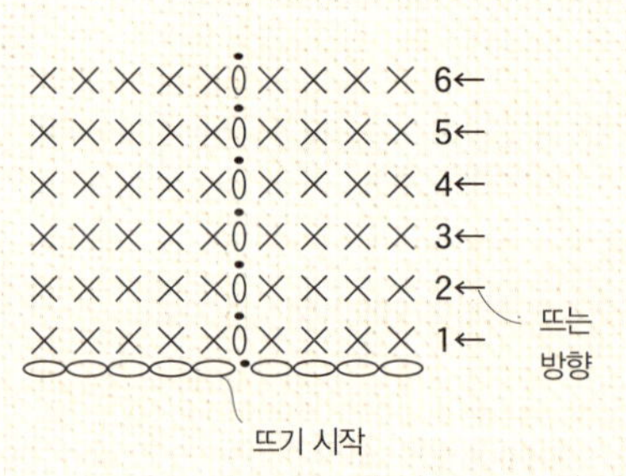

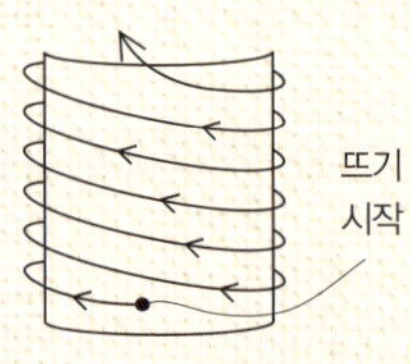

1 실타래에서 끌어낸 실을 왼손의 약지와 소지 사이에 끼운다.

2 중지와 검지 사이에서 뒤쪽으로 실을 빼내 검지에 건다.

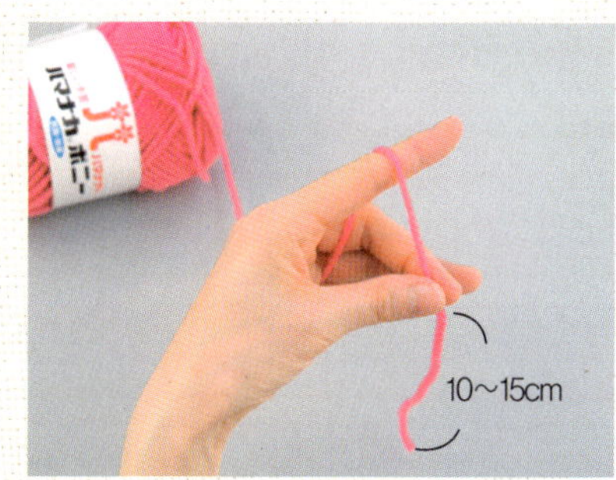

3 검지로 실을 길게 잡은 상태에시 엄지와 중지로 실 끝늘 삽는다.

기둥코

단의 맨 처음에 그 단 뜨개코의 높이와 같은 치수로 뜨는 사슬뜨기코를 '기둥코'라 한다. 기둥코는 짧은뜨기 이외에는 모두 단의 맨 처음 1코로 센다.

짧은뜨기의 경우

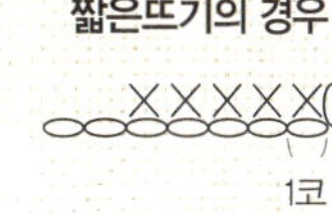

1코

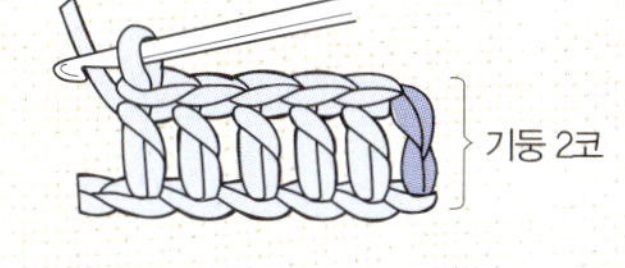

기둥 1코

필요한 사슬의 높이

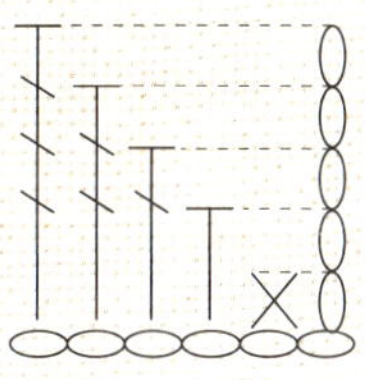

긴뜨기의 경우

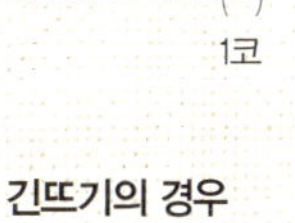

1코

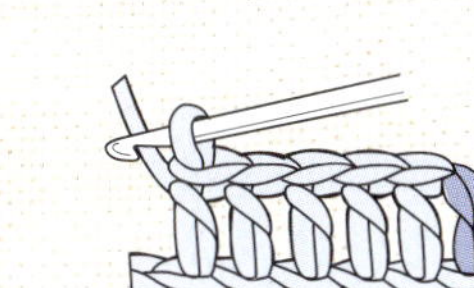

기둥 2코

한길긴뜨기의 경우

1코

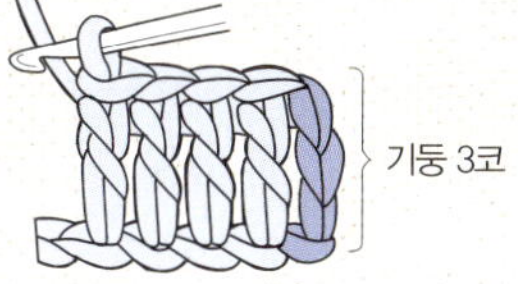

기둥 3코

뜨개기호와 뜨는 방법

◯ **사슬뜨기 시작코** : 시작코는 코를 떠 나가기 위한 기본 토대를 말한다. 기초코는 사슬뜨기로 뜬다.

❶

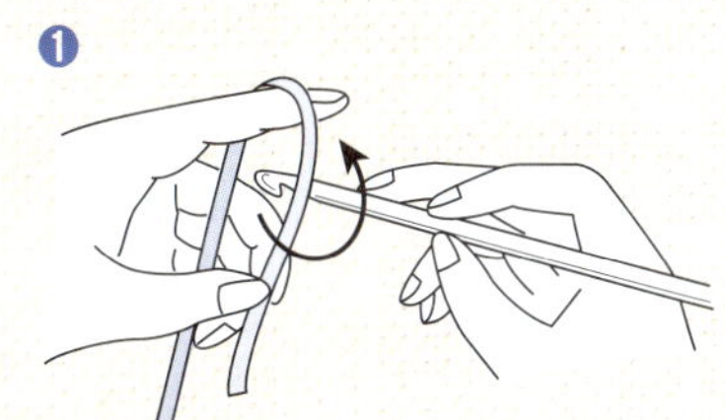

바늘을 실의 뒤쪽에 대고 화살표처럼 바늘을 1번 회전시킨다.

❷

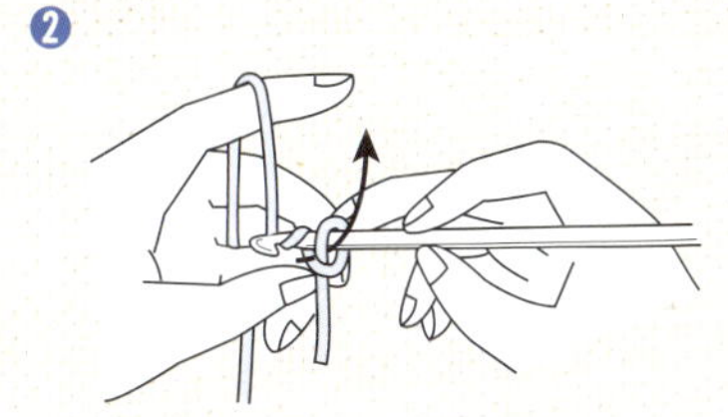

왼손으로 감은 실의 교차점을 누른 다음 실을 걸어서 끌어낸다.

❸

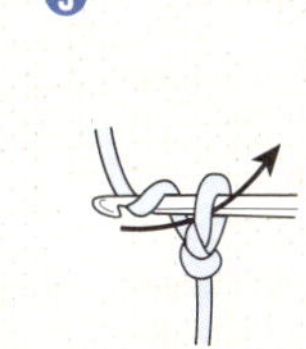

실을 걸어서 끌어낸다.

❹

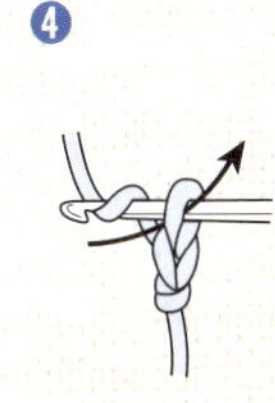

같은 방법으로 반복해서 뜬다.

 ## 원형뜨기 시작코(첫째 단을 짧은뜨기로 뜨는 경우)

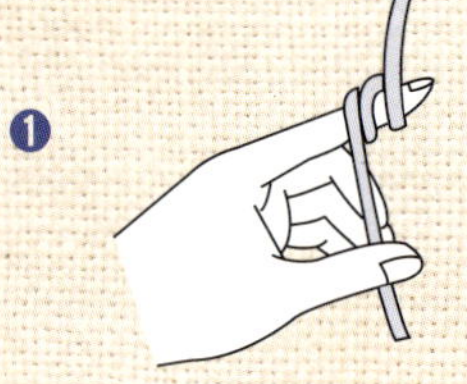

❶ 손가락에 실을 2번 건다.

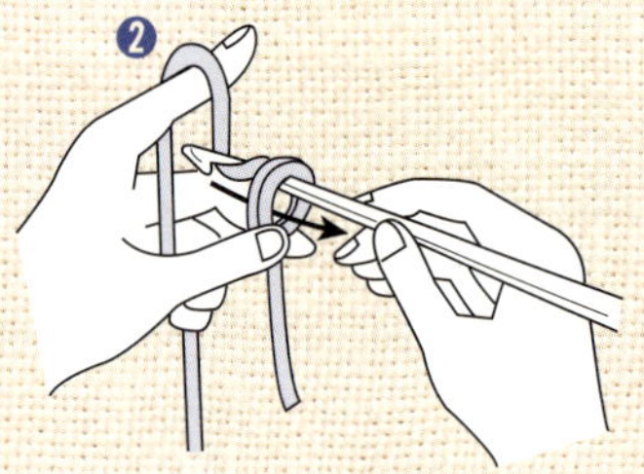

❷ 고리 속에 코바늘을 넣은 다음 실을 걸어서 끌어낸다.

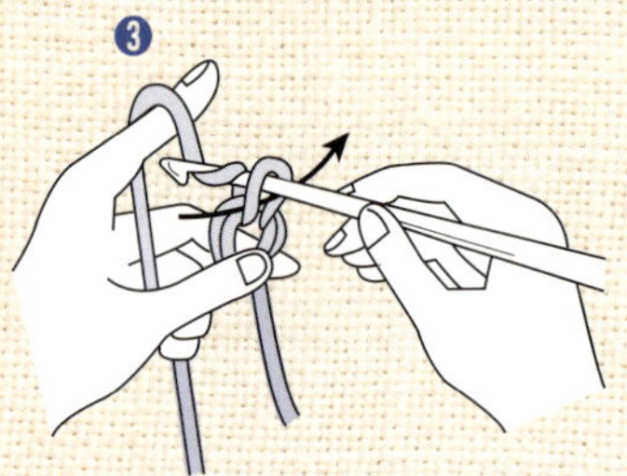

❸ 여기서부터 첫 번째 단의 기둥코를 뜬다.

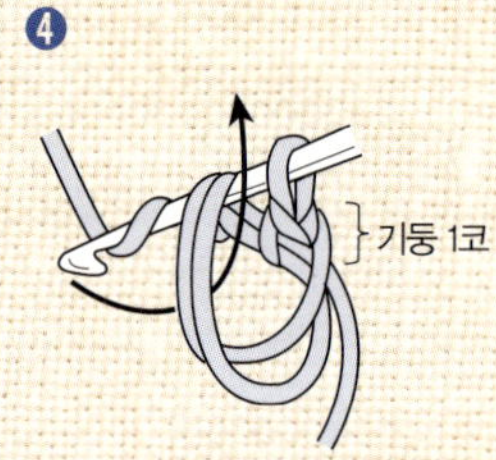

❹ 고리 속에 바늘을 넣은 다음 실을 걸어서 화살표처럼 끌어내어 짧은뜨기를 뜬다.

기둥 1코

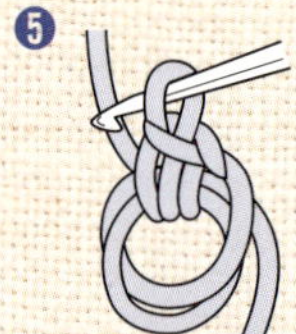

❺ 기둥 1코와 짧은뜨기 1코의 완성.

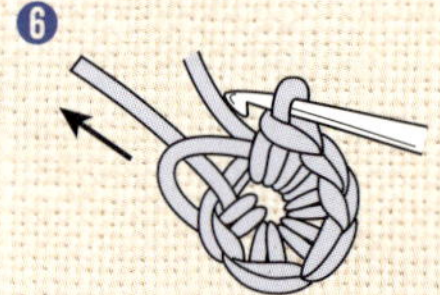

❻ 필요 콧수만큼 고리에 코를 떠 넣는다. 실 끝을 잡아당긴 다음 움직이는 쪽의 고리를 잡아당겨 서 다른 쪽 고리를 조인다.

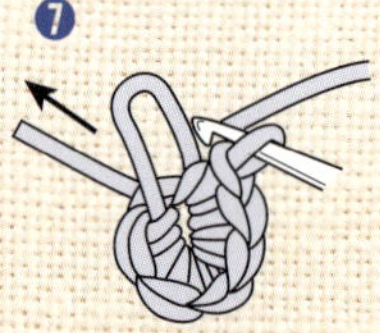

❼ 실 끝을 잡아당겨서 남은 고리도 조인다.

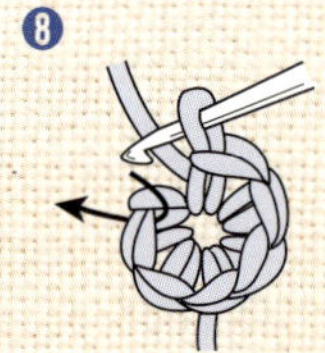

❽ 첫번째 코의 짧은뜨기에 화살표 처럼 바늘을 넣고 빼뜨기를 한다.

⭕ 사슬뜨기

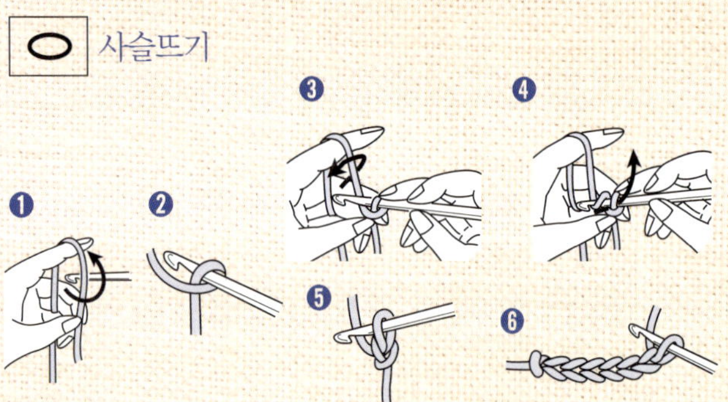

❶   **❷**   **❸**   **❹**

❺   **❻**

※ 바늘에 걸려 있는 고리는 1코로 세지 않는다

⬛ 빼뜨기

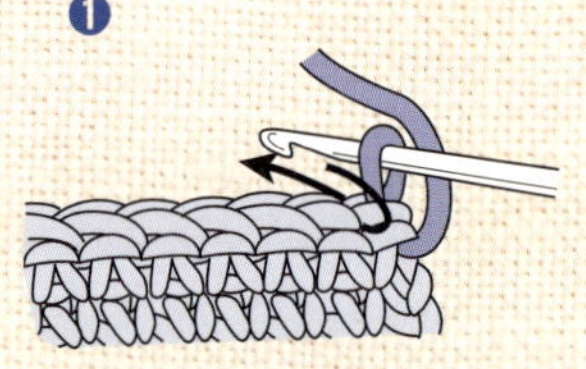

❶ 화살표처럼 바늘을 넣는다.

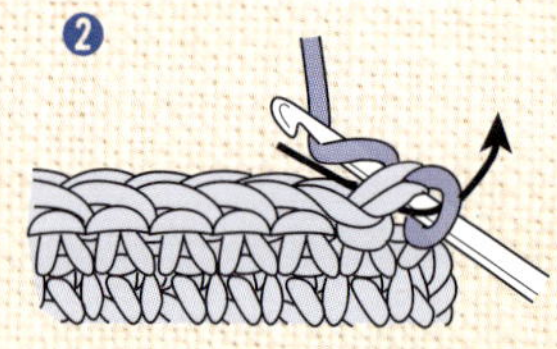

❷ 한꺼번에 빼낸다.

✖ 짧은뜨기

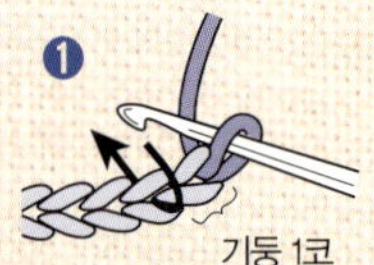

❶ 기둥 1코   화살표처럼 바늘을 넣는다.

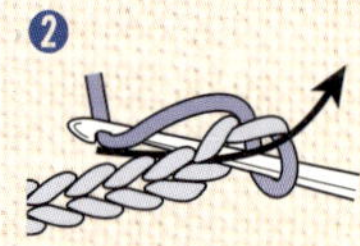

❷

❸

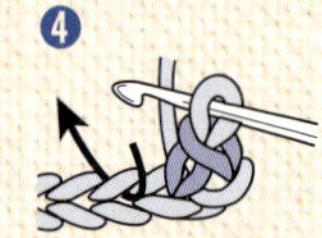

❹

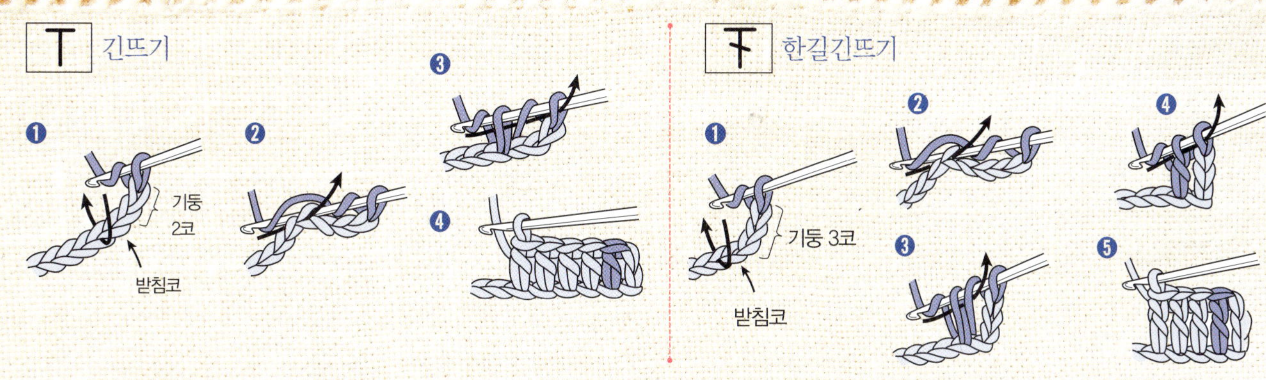

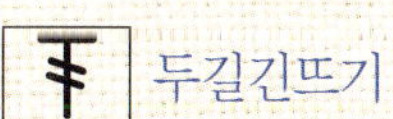
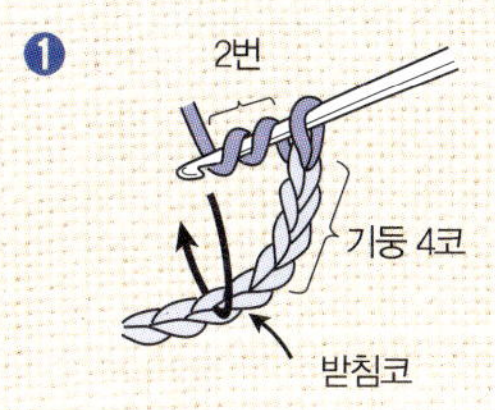
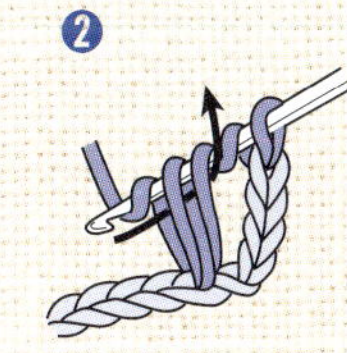
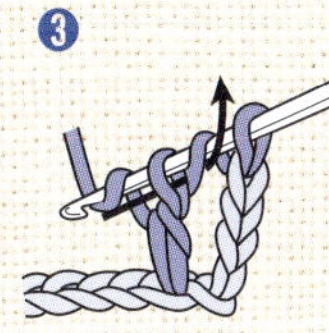

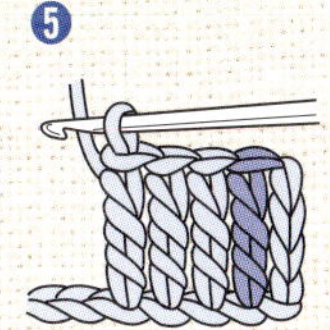

바늘에 걸려 있는 코를 2개씩 빼낸다.

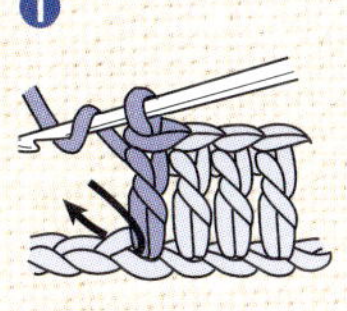
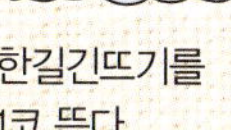
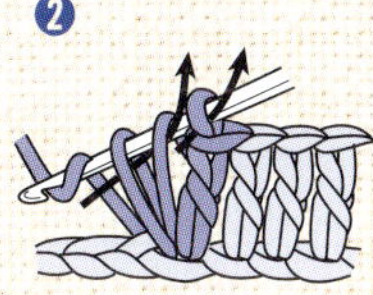

한길긴뜨기를
1코 뜬다.

동일한 코에 한 번 더 한길긴뜨기를 뜬다.

미완성의 짧은뜨기를
2코 뜬다.

한꺼번에 빼낸다.

※ '미완성'이란 바늘에 걸려 있는 실을 한 번 더 빼내야만 뜨개코가 완성되는 상태

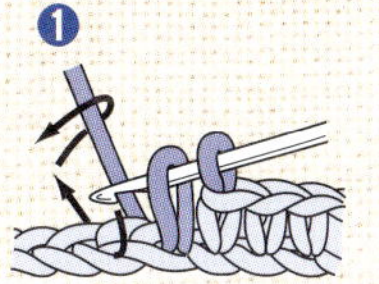

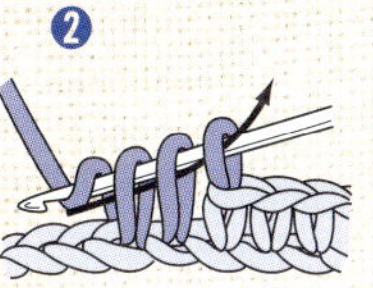
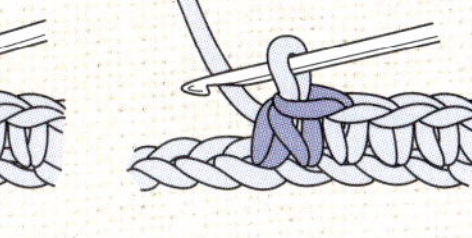

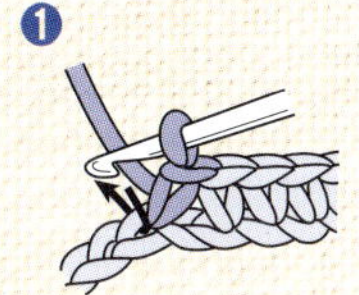
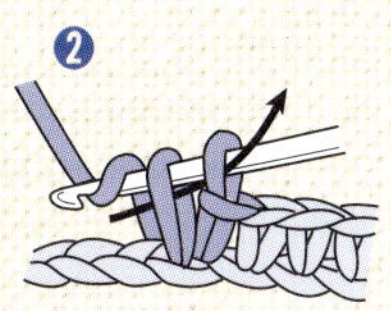

짧은뜨기를
1코 뜬다.

동일한 코에 한 번 더
짧은뜨기를 뜬다.

동일한 코에 2코 더
짧은뜨기를 뜬다.

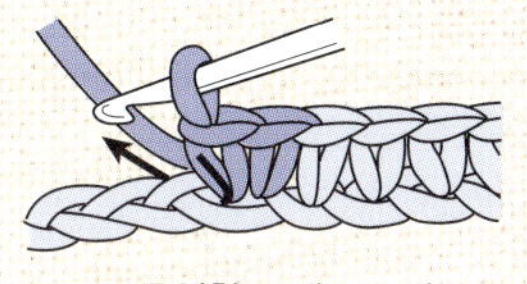
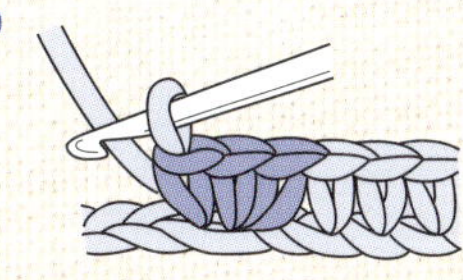

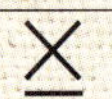 짧은 이랑뜨기(단편뜨기)

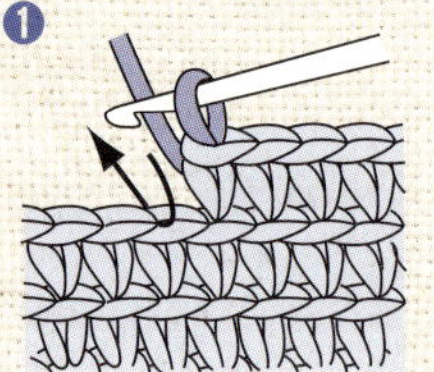

이전 단의 사슬코 뒤쪽 반코에
바늘을 넣는다.

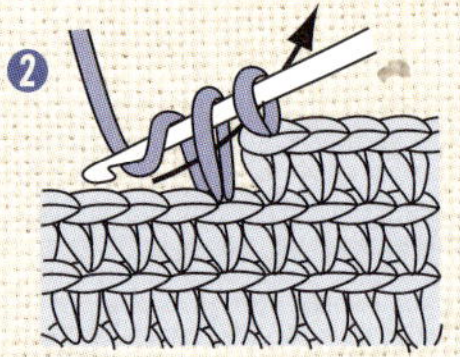

짧은뜨기를 뜬다.

※ 편물을 돌리지 않고 항상
같은 방향으로 뜬다

 짧은 이랑뜨기(왕복뜨기)

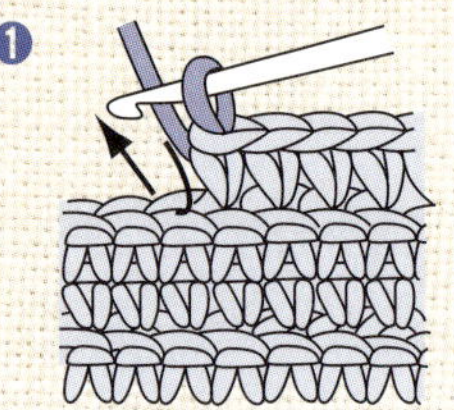

이전 단의 사슬코 뒤쪽 반코에
바늘을 넣는다.

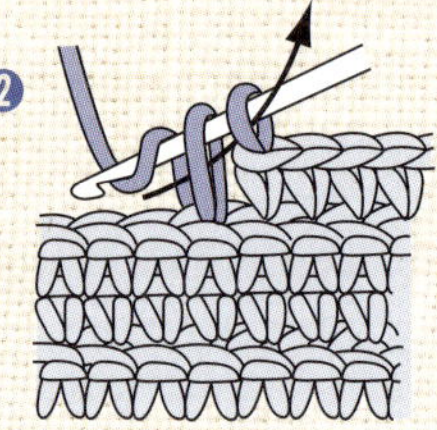

짧은뜨기를 뜬다.

※ 1단마다 편물을 돌려서 뜬다

 한길긴뜨기 3코 모아뜨기

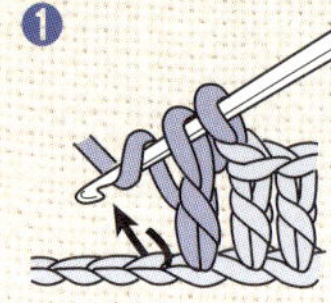

미완성의 한길긴뜨기를
3코 뜬다.

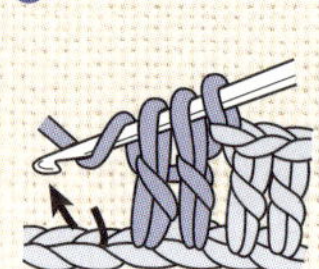

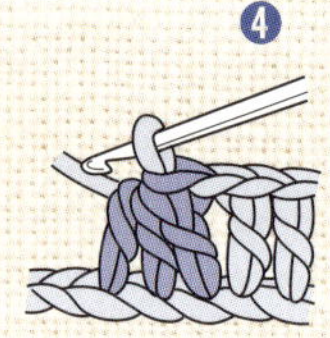

한꺼번에 빼낸다.

※ 마찬가지로 ⋀는
미완성의 긴뜨기
3코를 한꺼번에
빼낸다

 긴뜨기 3코 방울뜨기

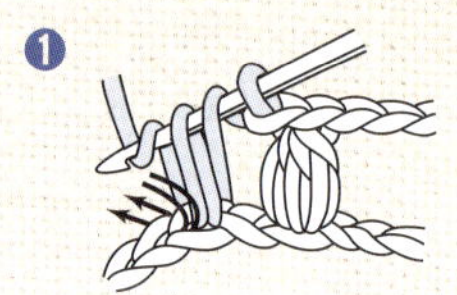

※ ⦶는 마찬가지로 긴뜨기
2코로 뜬다

 링뜨기

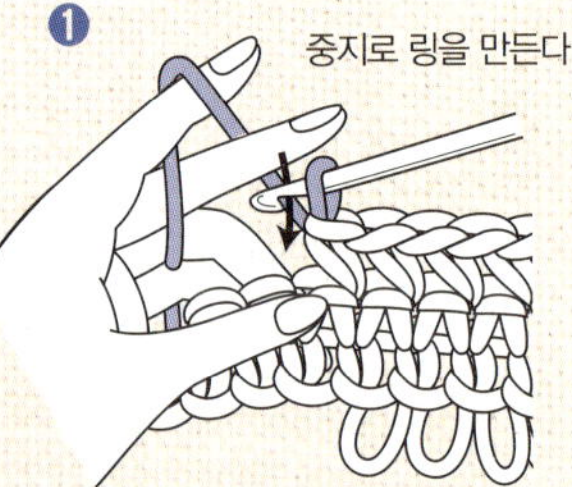

왼손의 중지로 뜨는 실을 링의
길이만큼 내리고 누른다.

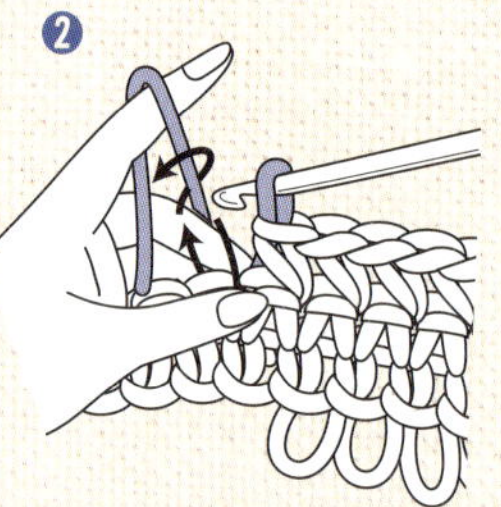

화살표처럼 바늘을 넣은 다음
링이 될 실을 누른 상태에서
실을 끌어낸다.

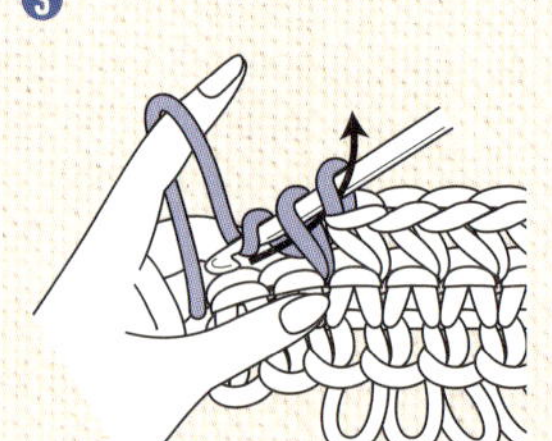

바늘에 실을 걸어서 화살표처럼 고리
두 개를 빼낸다. 뜨개코의 반대쪽에
링이 생기면 링뜨기 완성.

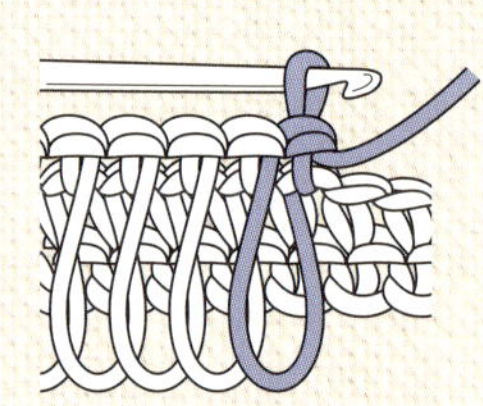

겉쪽에서 본 모습.

 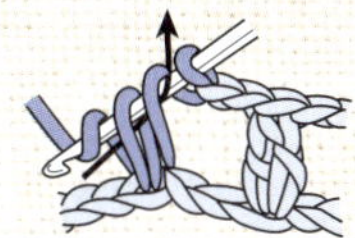 한길긴뜨기 2코 방울뜨기

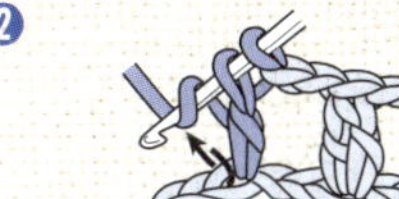

❶ 이전 단의 동일한 코에 미완성의
한길긴뜨기를 2코 뜬다.

❷

❸ 한꺼번에 빼낸다.

❹ 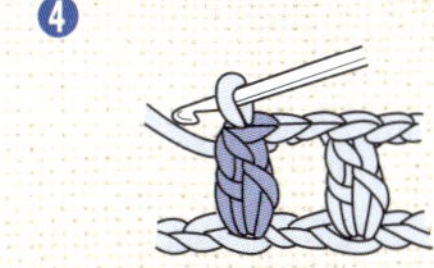
※ 는 마찬가지로 한길긴뜨기
3코를 한꺼번에 빼낸다

 되돌려 짧은뜨기

❶ 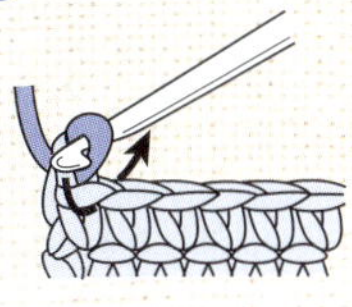

❷ 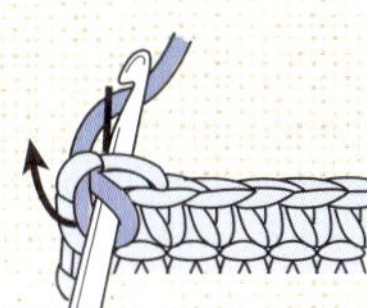

❸ 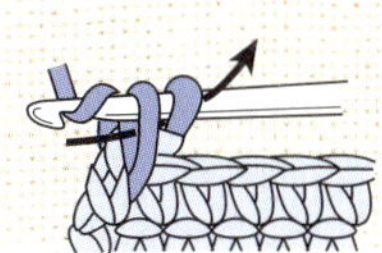

❹ 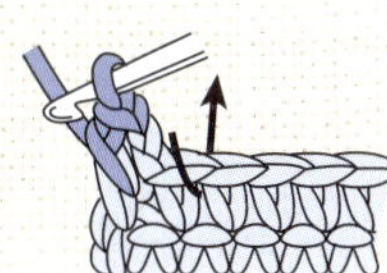

❺ 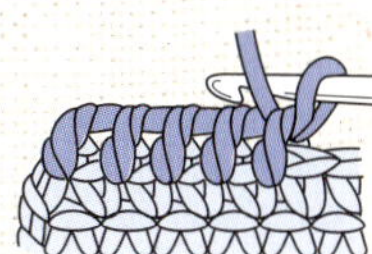

 한길긴뜨기 5코 팝콘뜨기

❶ 

❷ 

❸ 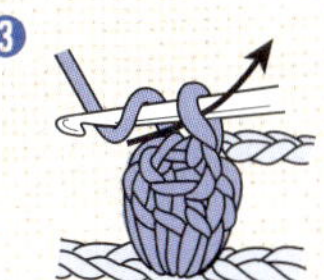

※ 마찬가지로 는
한길긴뜨기를 4코 뜬다

❶ 한길긴뜨기를 5코 뜬 다음 일단 바늘을
빼고 그림처럼 다시 바늘을 넣는다.

❷ 화살표처럼 빼낸다.

❸ 바늘에 실을 걸어서 화살표처럼
빼낸다.

사슬코 아래 공간에 넣어뜨기

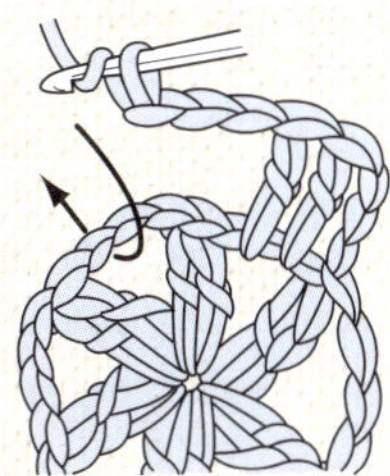

이전 단의 사슬코에서
코를 주울 때, 화살표
처럼 사슬코 아래 공간
에 바늘을 넣어뜬다.

돗바늘 감침질

돗바늘로 뜨개코 위쪽의 사슬코를 줍는다.

안끼리 맞대고
사슬 1가닥을 줍는 방법

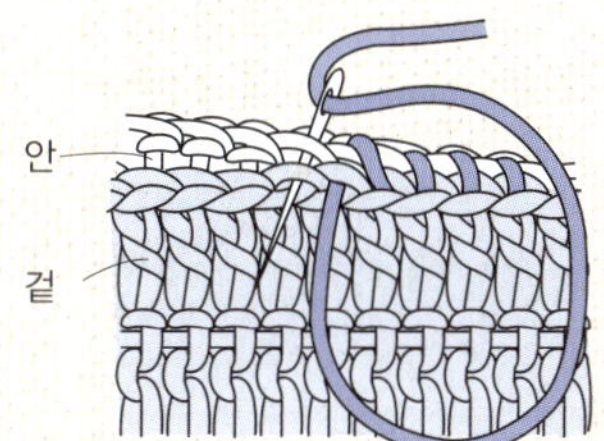

안끼리 맞대고 사슬 2가닥을
줍는 방법

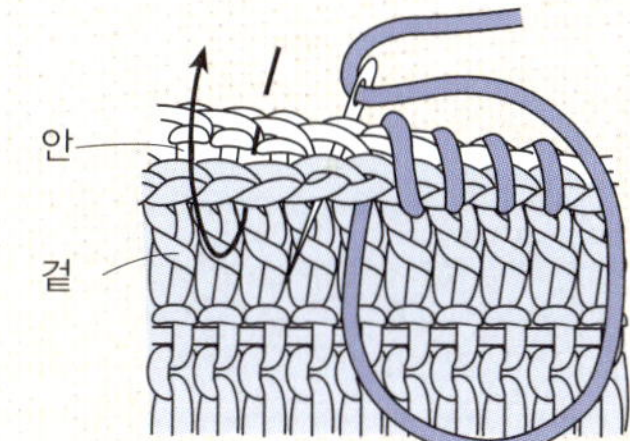

편물의 도중에 실 바꾸기 실을 바꿀 코의 앞쪽의 코를 완성시킬 때 새로운 실로 바꾸고, 뜨지 않는 실은 감싸면서 뜬다.

편물의 끝에서 실 바꾸기 실을 바꿀 이전 단의 마지막 코를 완성시킬 때 떠 오던 실을 바늘에 건 다음 실을 바꾼다.

줄무늬인 경우 실 바꾸기 떠 오던 실을 자르지 않은 상태에서 쉬어 두고, 다음 배색을 할 때 실을 걸쳐서 뜬다.

실 처리하기 작품을 다 뜨고 나면, 실 끝을 돗바늘에 끼우고 편물의 안쪽으로 통과시킨다.

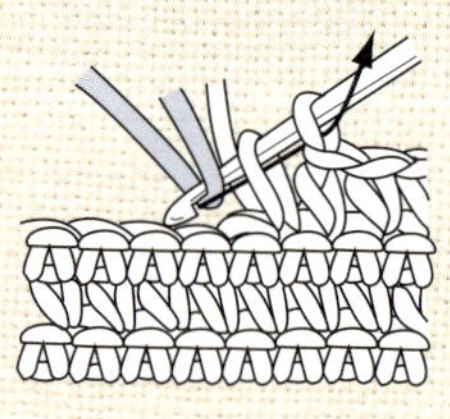

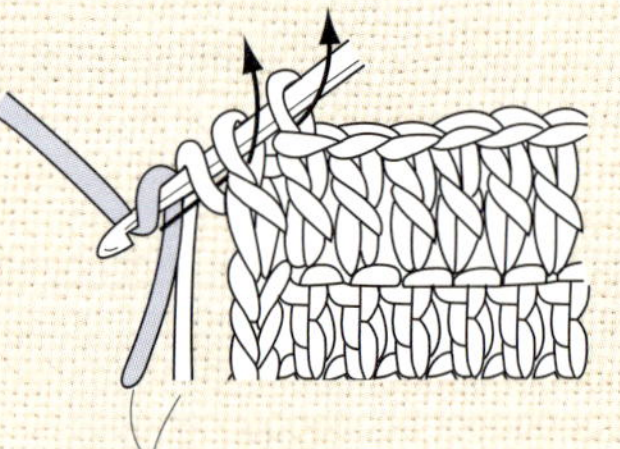

실 끝은 묶지 않고 8cm 정도씩 남겨 두고, 다 뜨고 난 다음에 처리한다

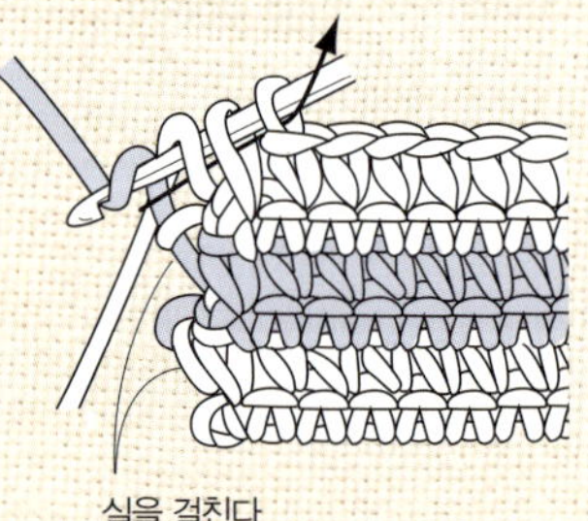

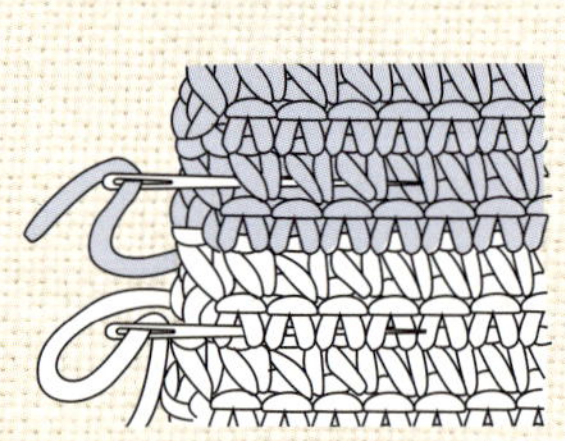

배색뜨기(한길긴뜨기) 바탕실은 뒤쪽, 배색실은 앞쪽에 두고 뜬다

①
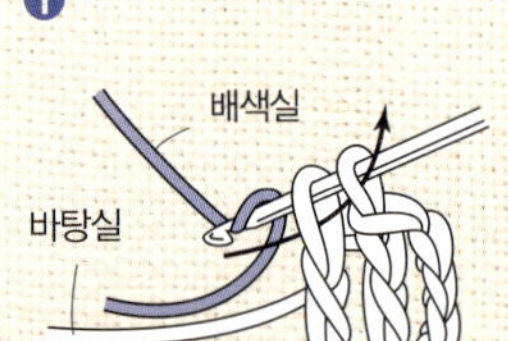

실을 바꾸기 전 코의 마지막 빼뜨기를 배색실로 빼낸다.

②
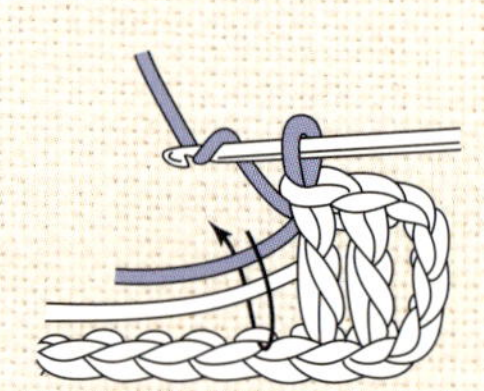

바탕실과 배색실의 실 끝을 떠서 감싸면서 뜬다.

③
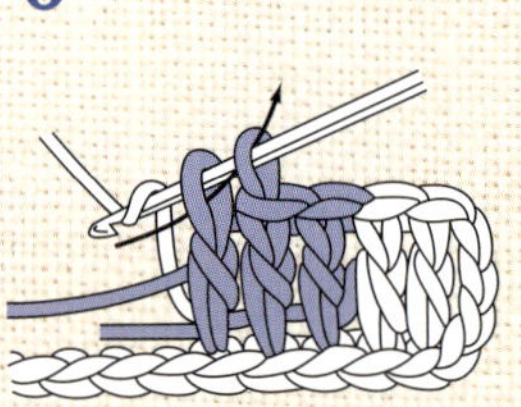

바탕실로 뜨기 전 코의 마지막 빼뜨기를, 뒤쪽에서 바탕실을 끌어올려서 빼낸다.

④
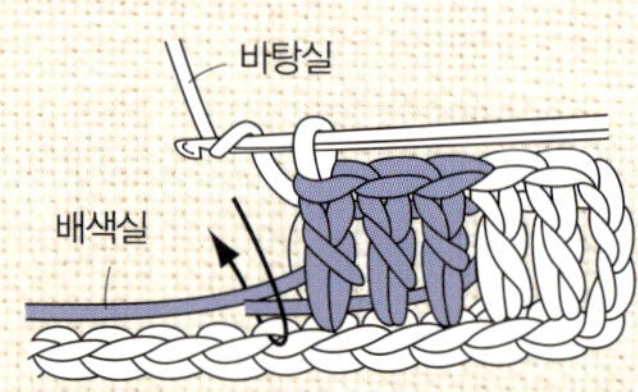

배색실을 떠서 감싸면서 계속해서 떠 나간다.

⑤
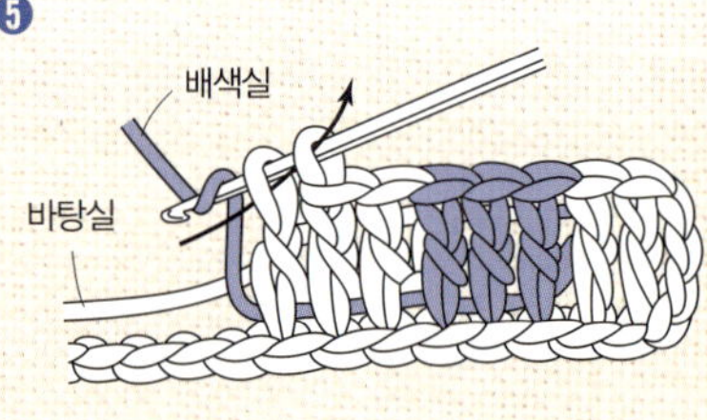

배색실로 뜨기 전 코의 마지막 빼뜨기를, 앞쪽에서 배색실을 끌어올려서 빼낸다.

배색뜨기(짧은뜨기)

①
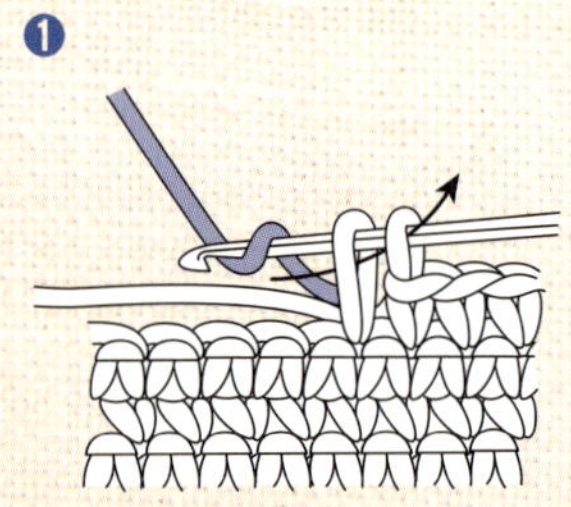

②
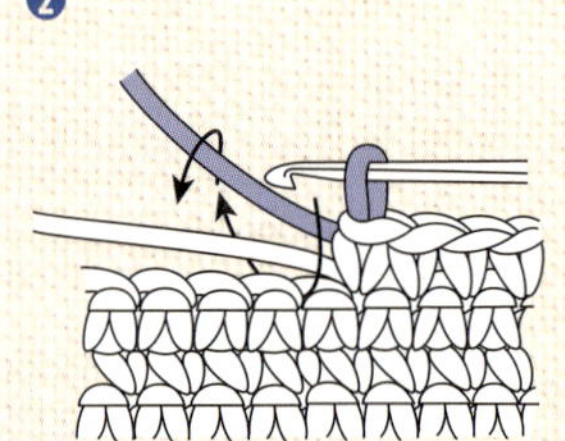

③
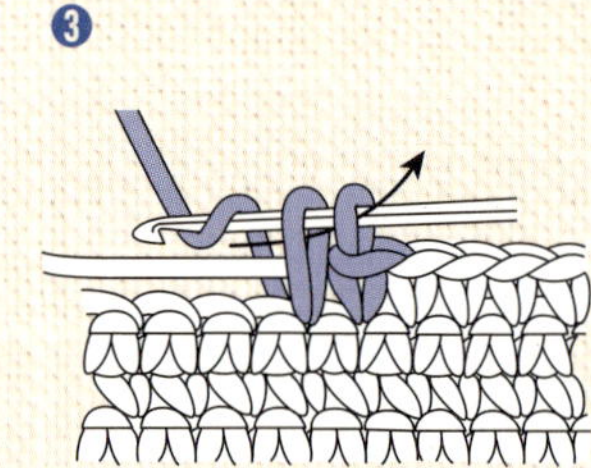

스티치 수놓는 방법

지그재그스티치

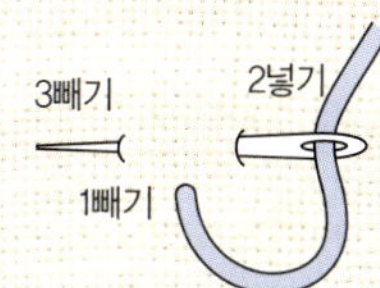

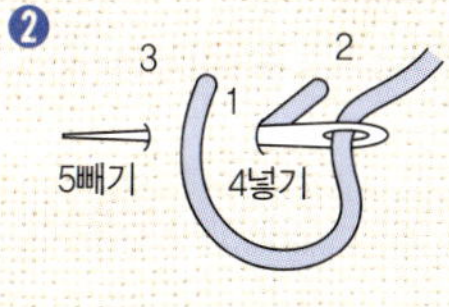

스트레이트스티치

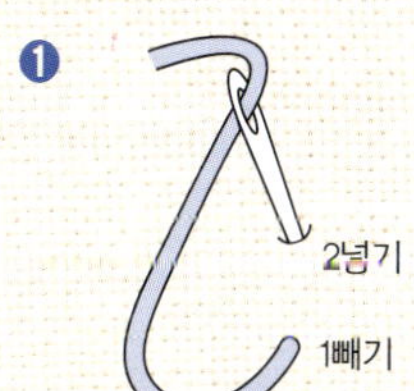

백스티치

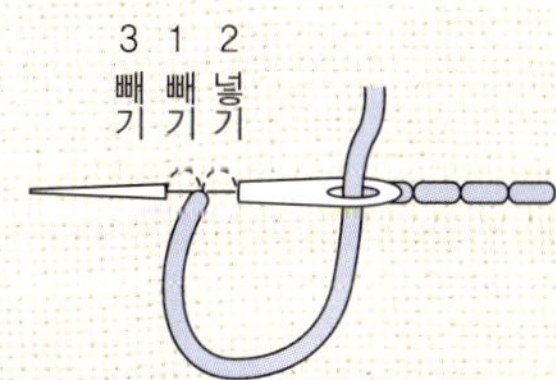

플라이스티치

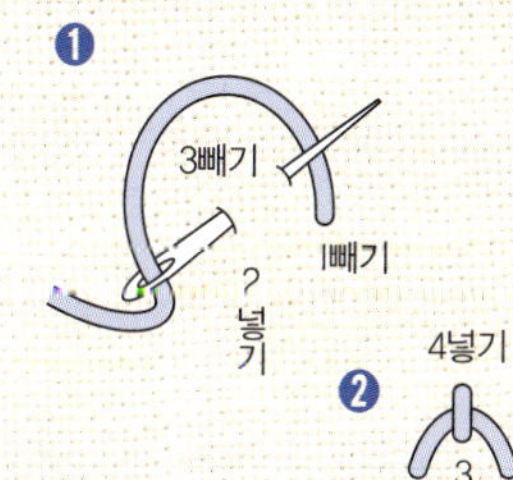

프렌치너트스티치(씨앗수)

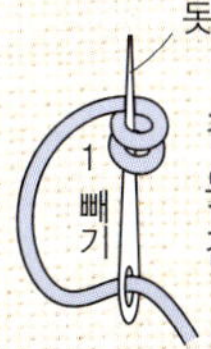

겉쪽으로 실을 빼낸 다음 돗바늘에 지정 횟수만큼 실을 감는다.

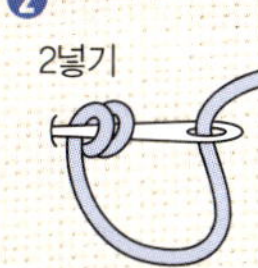

❶에서 바늘을 빼냈던 곳의 바로 옆에 바늘을 꽂는다.

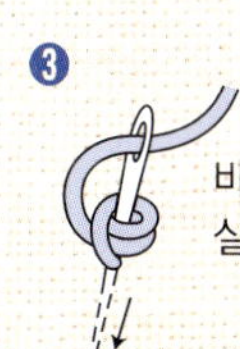

바늘을 안쪽으로 빼내고 실을 조인다.

❹

감침질

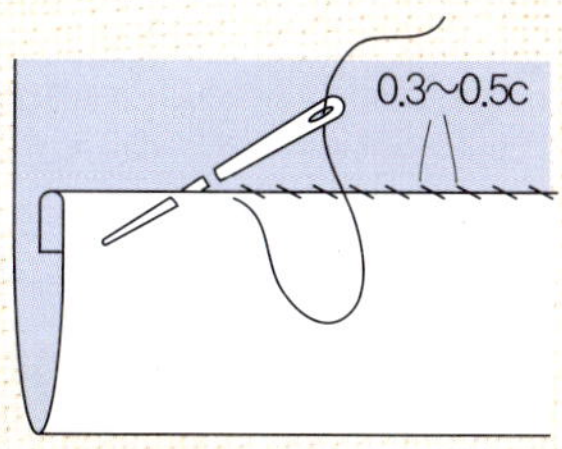

홈질

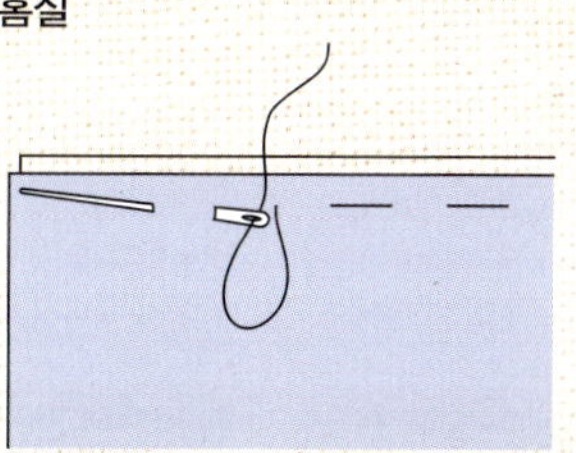

박음질

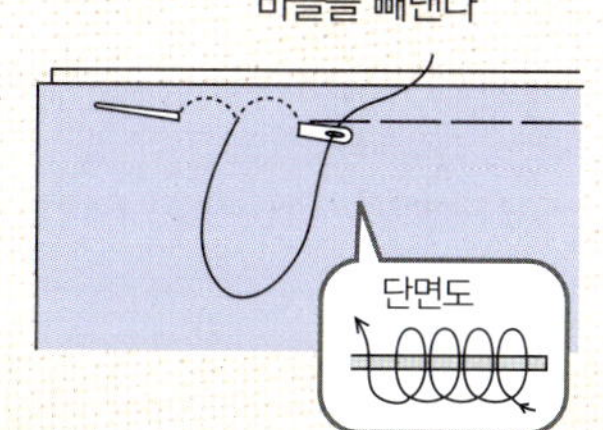

모티프의 마지막 단을 뜨면서 빼뜨기로 연결하기

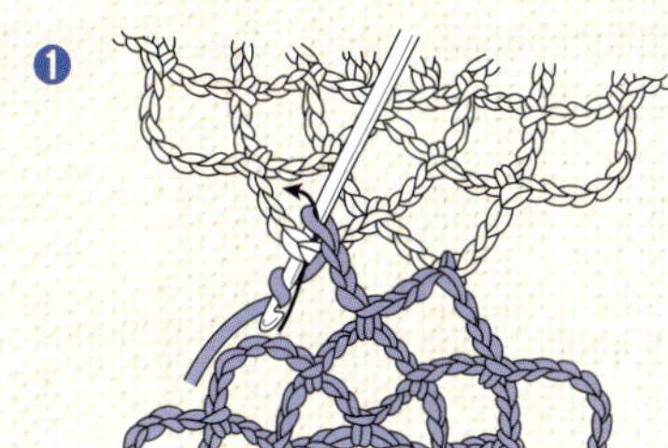

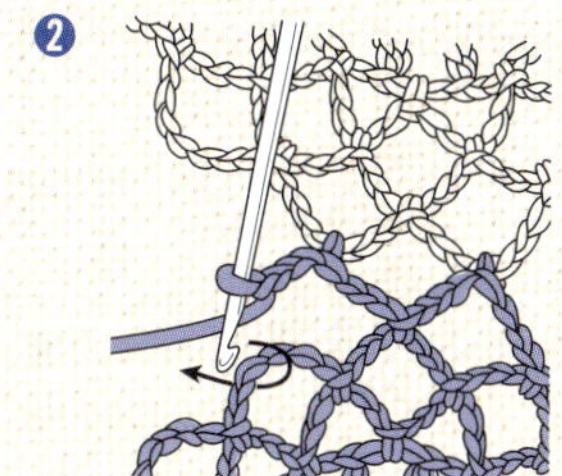

연결할 앞쪽 모티프의 겉쪽에서 바늘을 넣어서 빼뜨기를 뜬다.

작품을 떠보아요

줄무늬 냄비받침 1·2·3·4

장식단추 냄비받침 5·6

도트무늬 냄비받침 7·8

반전 냄비집게 11

사과 & 배 냄비집게 9·10

앤티크 레이스 18·19·20

사각형 모티프 12·13·14

다각형 모티프 15·16·17

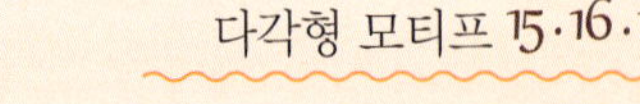

북유럽 스타일 청소걸레 **24 · 25 · 26**

입체 꽃장식 **21 · 22 · 23**

하드 청소걸레 **29 · 30 · 31 · 32**

북유럽 스타일 청소걸레 **27 · 28**

동글 수세미 **38**

풍차 수세미 **33 · 34 · 35**

컵 세척용 솔 **39 · 40**

커피잔 수세미 **36 · 37**

수도꼭지용 수세미 **41 · 42 · 43**

줄무늬 청소장갑과 리본 수세미 44·45·46

거북솔 47

펭귄, 백곰 청소장갑 48·49

동물 손가락인형 54·55·56·57

손목쿠션과 컴퓨터 청소솔 50·51·52·53

아이스크림 마스코트 58·59·60

버섯, 도토리 마스코트 61·62·63·64

마카롱 마스코트 65·66·67·68

하트 쿠션 69·70

발매트 71

소품 바구니 75·76·77

컵받침과 꽃방석 72·73·74

장바구니 78

백곰 핫팩 커버 79

리본 장식 실내화 80·81

Lesson 1
냄비받침과 냄비집게
실
하마나카 보니
X
머그컵
EINSHOP

줄무늬 냄비받침 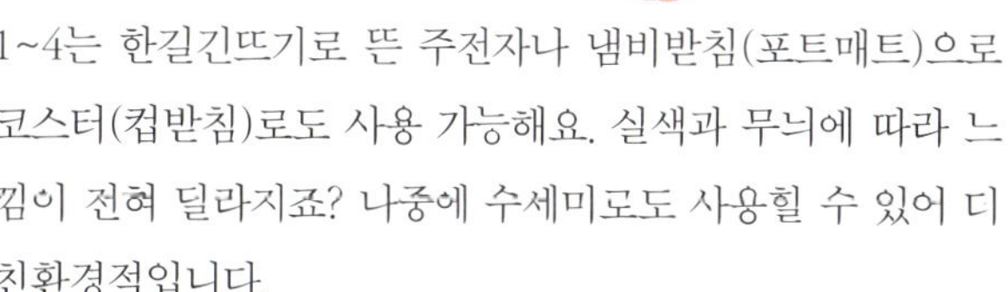

1~4는 한길긴뜨기로 뜬 주전자나 냄비받침(포트매트)으로 코스터(컵받침)로도 사용 가능해요. 실색과 무늬에 따라 느낌이 전혀 달라지죠? 나중에 수세미로도 사용힐 수 있어 더 친환경적입니다.

장식단추 냄비받침

짧은뜨기로 뜬 5와 6은 장식단추를 달아 포인트를 주었습니다. 가장자리는 사슬뜨기와 짧은뜨기를 응용해 깜찍함을 더했고요.

실
하마나카 러브보니

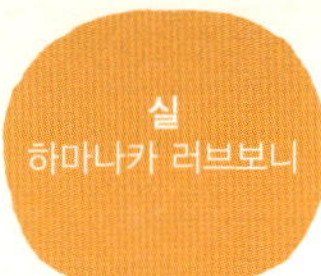

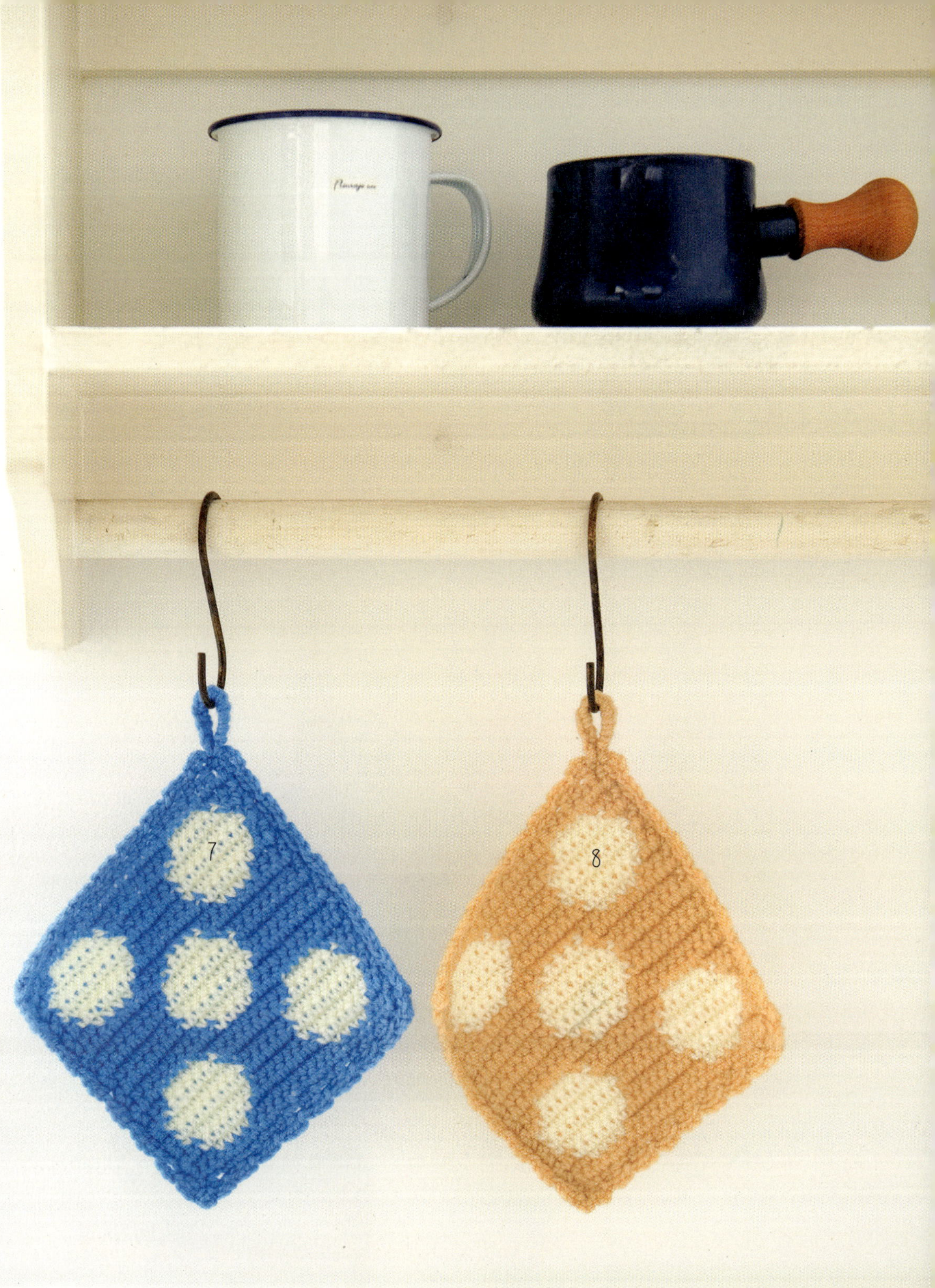

도트무늬 냄비받침

둥근 도트무늬의 배색뜨기로 깜찍한 느낌을 더한 냄비받침입니다.
주방 한쪽에 매달아두면 분위기를 더욱 살려줄 거예요.

★ **실** 하마나카 보니 **1** 밤색(419) 10g · 베이지(417) 6g
2 로즈핑크(474) 10g · 베이지(417) 6g

★ **바늘** 코바늘 7.5/0호(7/0호 또는 8/0호 바늘로 떠도 된다)

★ **완성치수** 13.5×14.5cm

★ **게이지** 13코, 6.5단(한길긴뜨기)

배색		
	1	2
a색	밤색	로즈핑크
b색	베이지	베이지

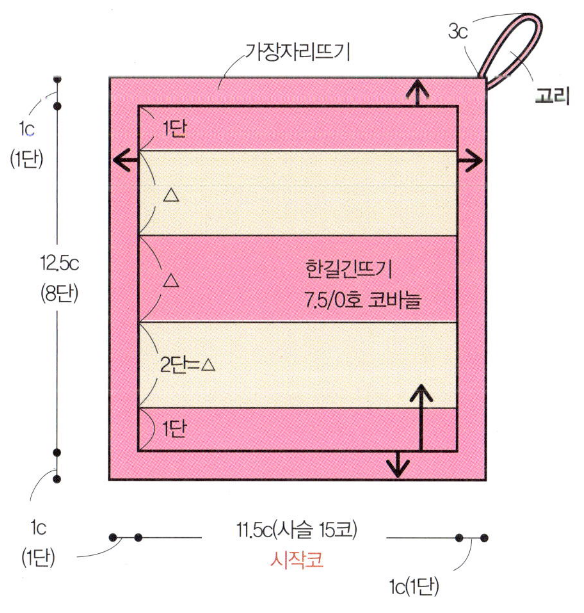

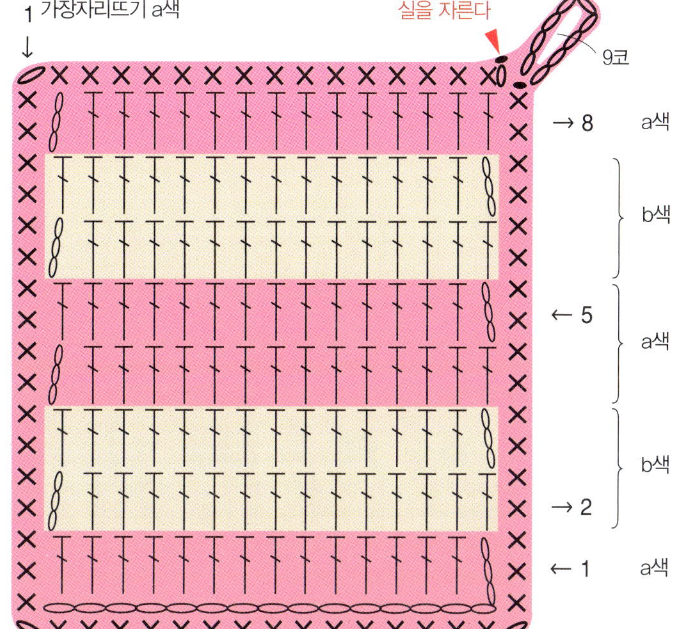

How to make

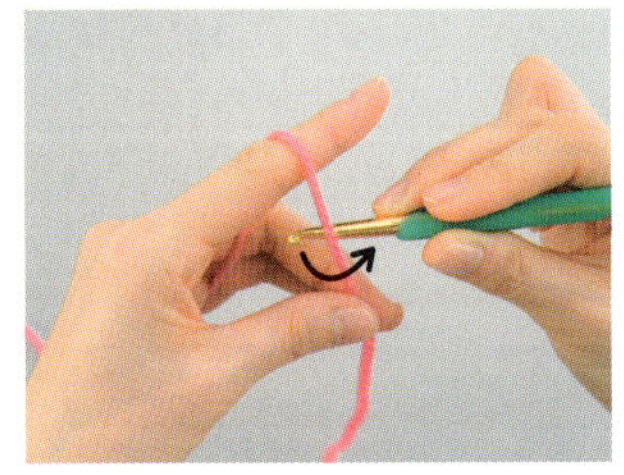

1 실의 뒤쪽에 바늘을 대고 화살표처럼 바늘을 돌려 고리를 만든다. *작품 2의 실로 떴습니다.

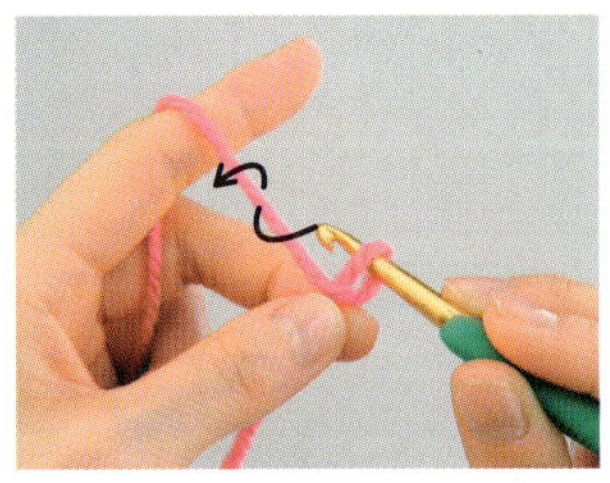

2 고리의 교차점을 왼손 엄지와 중지로 누르고 바늘을 움직여 화살표처럼 실을 건다.

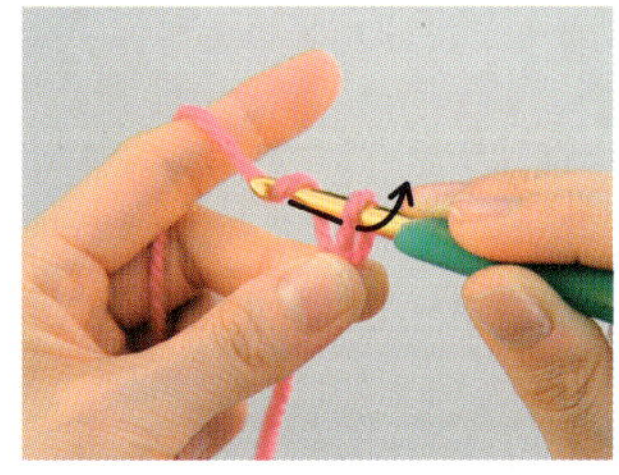

3 바늘에 건 실을 화살표처럼 끌어낸다.

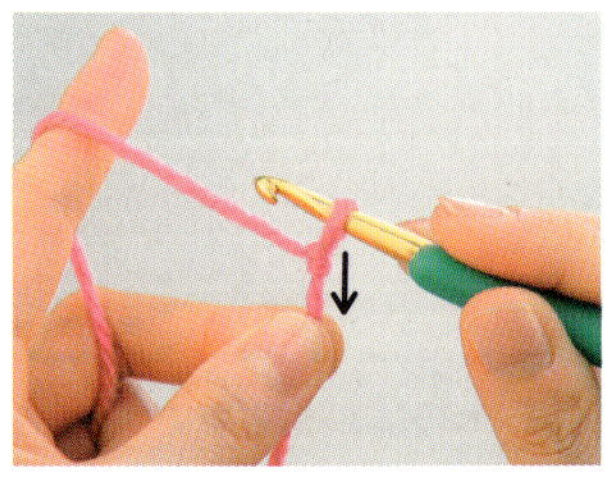

4 실 끝을 화살표처럼 잡아당겨 뜨기 시작 부분의 고리를 조인다.

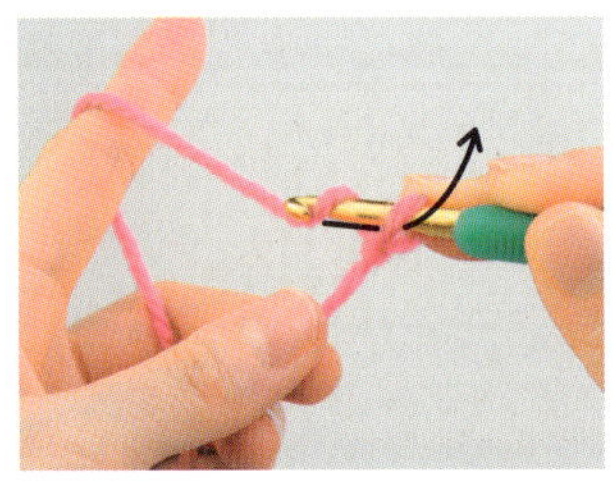

5 바늘에 실을 걸어 화살표처럼 빼낸다.

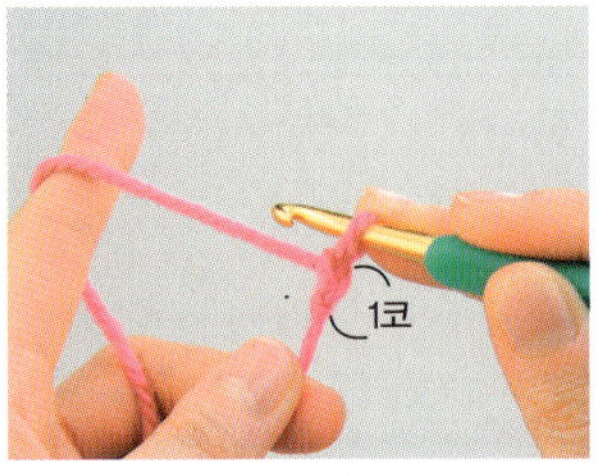

6 사슬을 1코 뜬 모습.

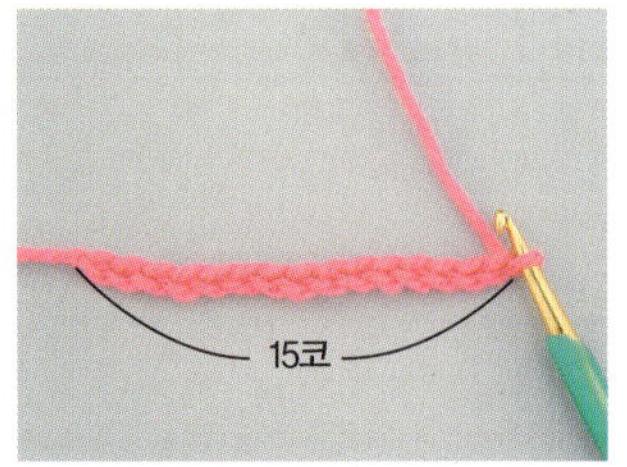

7 같은 방법으로 나머지 사슬 14코를 뜬다. 시작코를 15코 뜬 모습.

8 시작코에 이어서 기둥 3코를 뜬다.

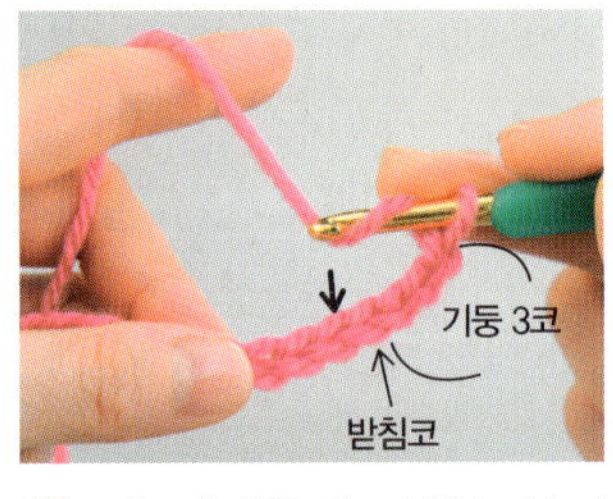

9 바늘에 실을 걸고 받침코의 다음 코에 바늘을 넣어 한길긴뜨기를 뜬다.

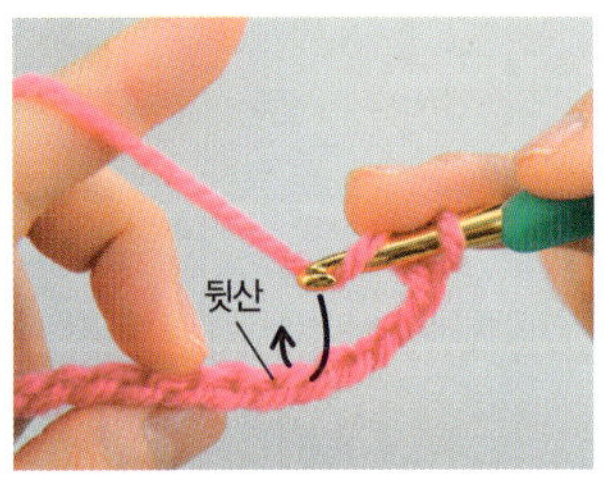

10 화살표처럼 다섯 번째 코 사슬의 뒷산에 바늘을 넣는다.

11 바늘에 실을 걸어 화살표처럼 끌어낸다.

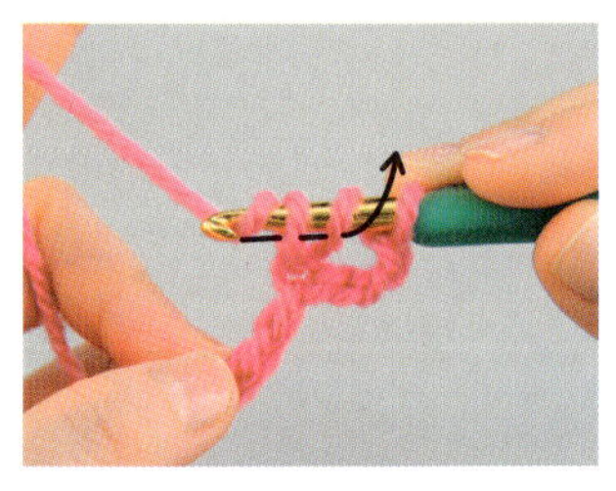

12 바늘에 실을 걸어 화살표처럼 고리 2개를 빼낸다.

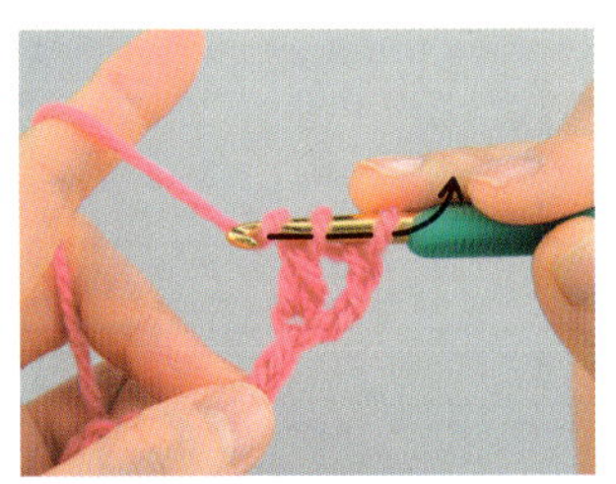

13 바늘에 실을 걸어 화살표처럼 모든 고리를 빼낸다.

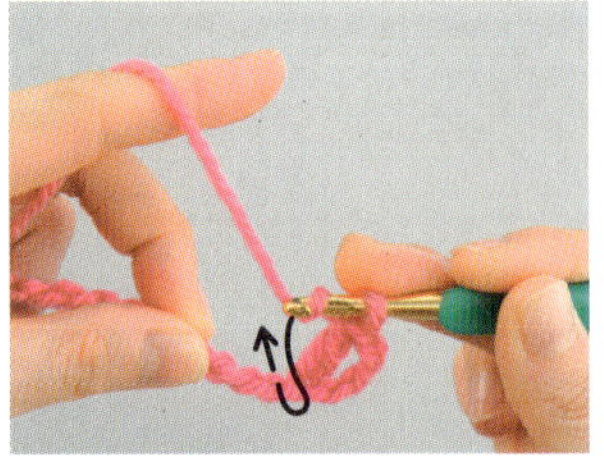

14 한길긴뜨기를 1코 뜬 모습. 다음 코는 화살표처럼 옆에 있는 사슬의 뒷산에 바늘을 넣어서 뜬다.

15 같은 방법으로 떠서 첫 번째 단 14번째 코의 한길긴뜨기의 마지막 빼뜨기 전까지 뜬다.

16 사진처럼 실을 앞쪽에서 뒤쪽으로 건다.

17 b색 실을 바늘에 걸어 화살
표처럼 한꺼번에 빼낸다.

18 실을 빼내서 한길긴뜨기를
뜬 모습.

19 b색으로 두 번째 단의 기둥
코 3코를 뜬다. a색의 실은
쉬어둔다.

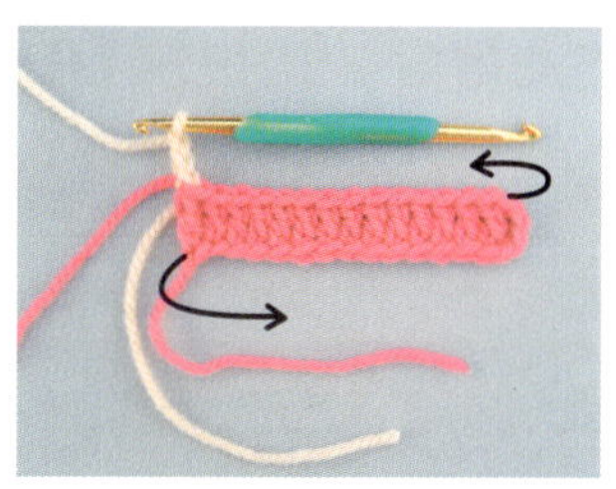

20 화살표처럼 편물을 뒤집
는다.

21 계속해서 바늘에 실을 걸
어 한길긴뜨기를 뜬다.

22 두 번째 단의 마지막 한길
긴뜨기를 뜬다. 바늘에 실
을 걸어 이전 단의 기둥코 중 세 번
째 코에 화살표처럼 반코와 뒷산에
바늘을 넣는다.

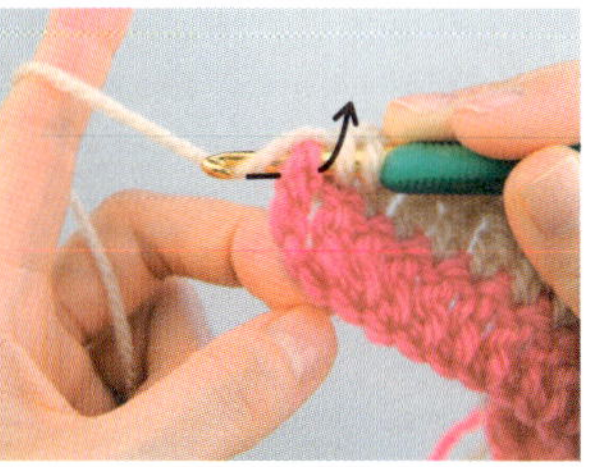

23 바늘에 실을 걸어 화살표
처럼 끌어낸다.

24 끌어낸 모습. 12, 13과 같은
방법으로 한길긴뜨기를 뜬다.

25 두 번째 단의 마지막 한길
긴뜨기를 뜬 모습.

26 편물을 뒤집은 다음 계속
한길긴뜨기로 뜬다. 바늘
에 실을 걸어 화살표처럼 반코와 뒷
산에 넣어 실을 끌어낸다.

27 한길긴뜨기의 빼뜨기 전까
지 뜬 다음 실을 바늘의 앞
쪽에서 뒤쪽으로 건다.

28 쉬어두었던 a색의 실을
바늘에 걸어 화살표처럼
한꺼번에 빼낸다.

29 실을 빼내서 한길긴뜨기를
뜬 모습. a색으로 사슬 3코
를 뜬 다음 네 번째 단을 뜬다. b색
의 실은 쉬어둔다.

30 배색을 바꾸면서 뜨개도안
처럼 여덟 번째 단까지 뜬
다. 이때 b색의 실은 10cm 정도를
남기고 자른다.

31 배색실이 걸쳐져 있는 모습.

32 가장자리뜨기를 한다. 가
장자리뜨기의 기둥 1코를
뜬다.

33 이전 단의 한길긴뜨기 머리에 바늘을 넣은 다음 화살표처럼 실을 걸어서 끌어낸다.

34 끌어낸 모습. 화살표처럼 바늘에 실을 건다.

35 화살표처럼 한꺼번에 빼낸다.

36 짧은뜨기를 1코 뜬 모습.

37 같은 방법으로 모두 15코까지 머리의 코에 짧은뜨기를 뜬다. 첫 번째 변의 가장자리 뜨기를 마친 모습.

38 모서리 부분은 사슬 1코, 짧은뜨기를 열다섯 번째 코와 동일한 코에서 뜬다. 바늘을 화살표처럼 넣는다.

39 한길긴뜨기의 허리에 바늘을 넣어 짧은뜨기 1코를 뜬 모습.

40 사진에 나와 있는 위치의 한길긴뜨기 머리에 화살표처럼 바늘을 넣는다.

41 같은 방법으로 짧은뜨기를 뜬다.

42 두 번째 변을 뜬 모습. 아래쪽 모서리는 시작코의 사슬 2가닥에 바늘을 넣어 짧은뜨기를 뜬다.

43 38과 같은 방법으로 사슬을 1코, 짧은뜨기를 모서리의 1코와 동일한 코에서 뜬다.

44 네 개의 변을 떠 온 모습. 계속해서 사슬을 9코 뜬다. 화살표처럼 짧은뜨기의 앞쪽 반코와 왼쪽 다리에 바늘을 넣는다.

45 바늘에 실을 걸어 빼낸다.

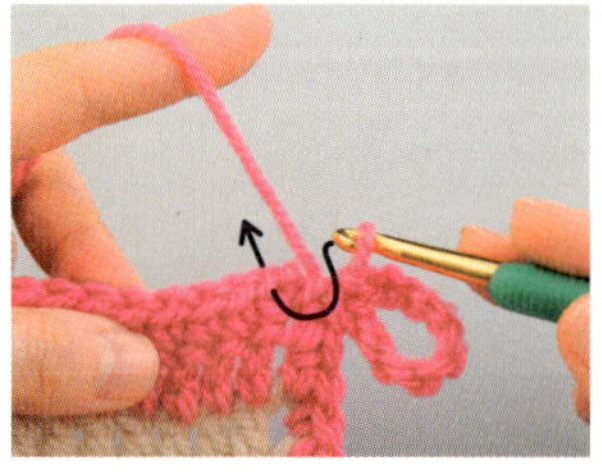

46 실을 빼내서 고리가 생긴 모습. 뜨기 시작 부분의 짧은뜨기 첫 번째 코의 머리에 바늘을 넣어 빼낸다.

47 뜨기 끝부분의 빼뜨기를 뜬 모습. 실을 자른 다음 남은 실을 돗바늘에 끼워서 처리한다.

48 완성.

3·4 줄무늬 냄비받침

★ **실** 하마나카 보니 3 올리브그린(493) 10g · 아이보리(442) 6g
　　　　4 아이보리(442) 10g · 겨자색(491) 6g
★ **바늘** 코바늘 7.5/0호
★ **완성치수** 13.5×14.5cm
★ **게이지** 13코, 6.5단(한길긴뜨기)

배색		
	3	4
a색	아이보리	겨자색
b색	올리브그린	아이보리

뜨는 방법

❶ 사슬뜨기 시작코를 만든 다음 한길긴뜨기로 도안처럼 뜹니다.
　(실을 바꾸는 방법은 16쪽 참고)
❷ 주위에 b색으로 가장자리뜨기를 뜹니다.
❸ 계속해서 고리를 사슬로 뜹니다.

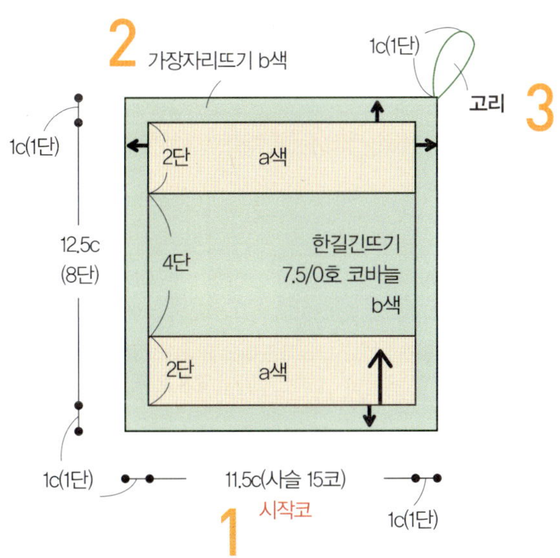

※ 첫 번째 단은 사슬의 뒷산에 넣어뜬다

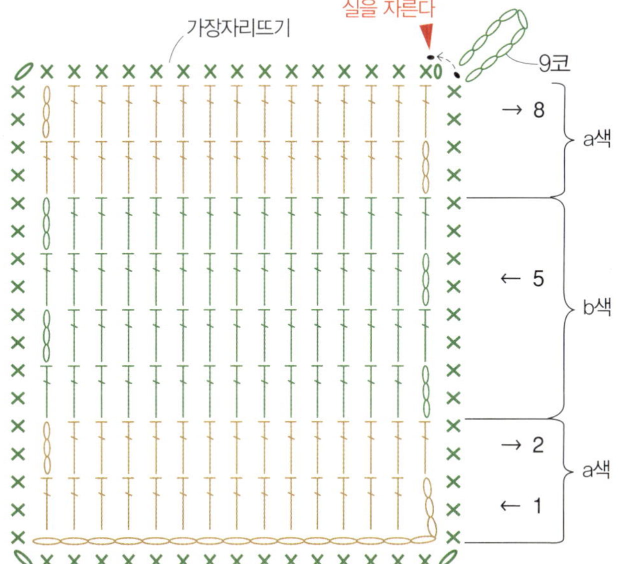

5·6
장식단추
냄비받침

★ **실** 하마나카 보니 **5** 아이보리(442) 7g · 남색(473) 5g
　　　　　　　　　　6 아이보리(442) 6g · 체리핑크(464) 6g

★ **기타 재료** 단추(지름 2cm) 1개

★ **바늘** 코바늘 7.5/0호

★ **완성치수** 12.5×11.5cm

★ **게이지** 12.5코 14.5단(짧은뜨기)

배색		
	5	6
a색	아이보리	아이보리
b색	남색	체리핑크

뜨는 방법

❶ 사슬뜨기 시작코를 만든 다음 짧은뜨기로 도안처럼 도중에 실을 바꿔서 뜹니다.
　6은 짧은뜨기의 배색뜨기로 뜹니다.

❷ 주위에 b색으로 가장자리뜨기를 뜨면서 모서리에 고리를 뜹니다.

❸ 고리 쪽에 단추를 답니다.

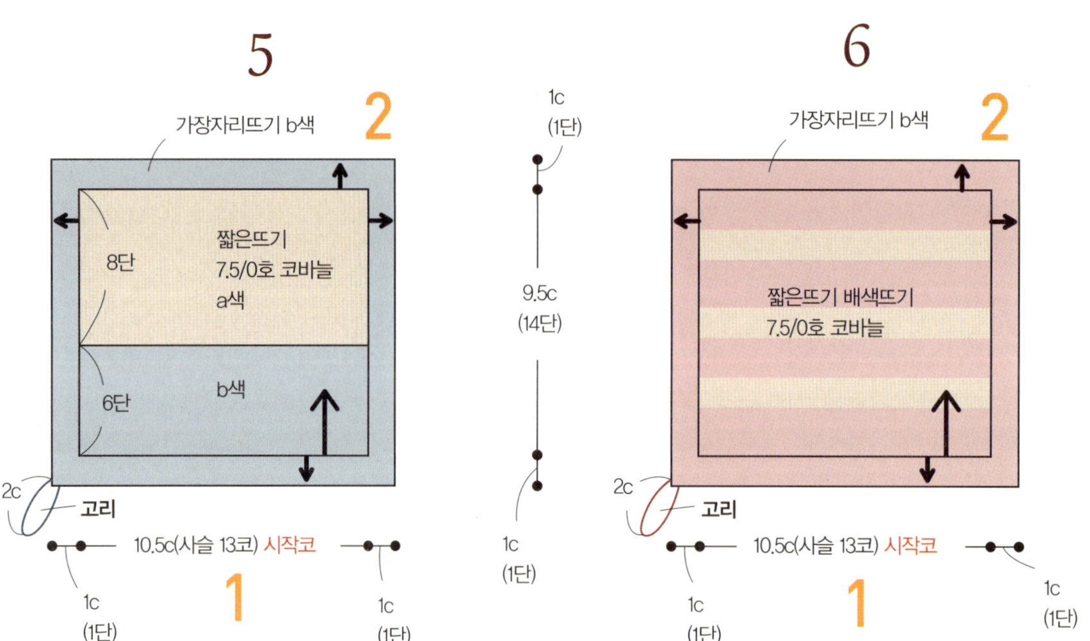

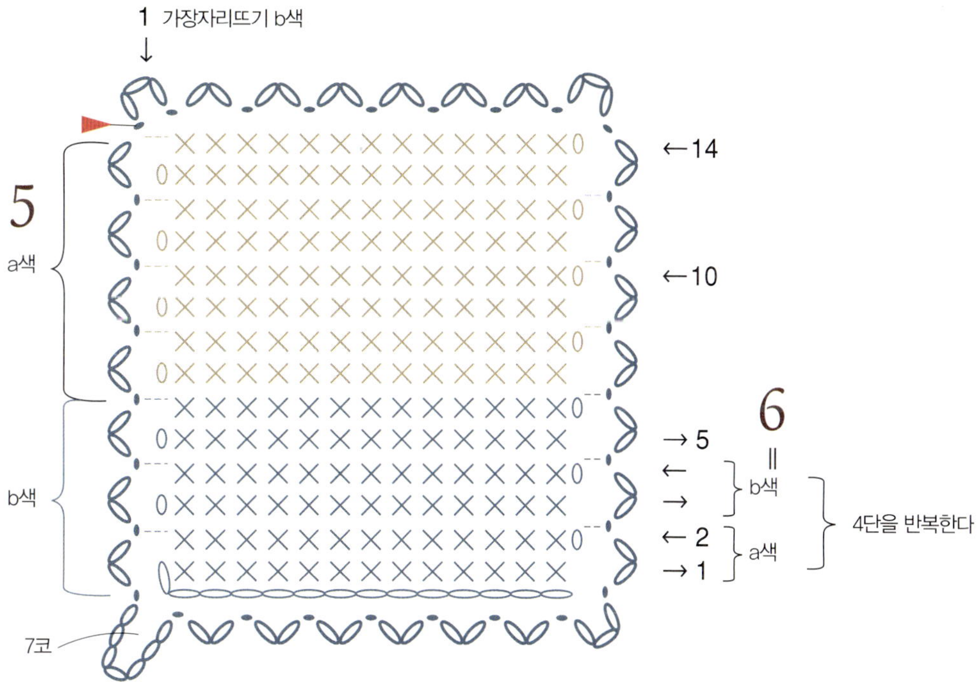

※ 첫 번째 단은 사슬의 뒷산에 넣어뜬다
※ 작품 6은 a색과 b색을 2단씩 반복해서 뜬다

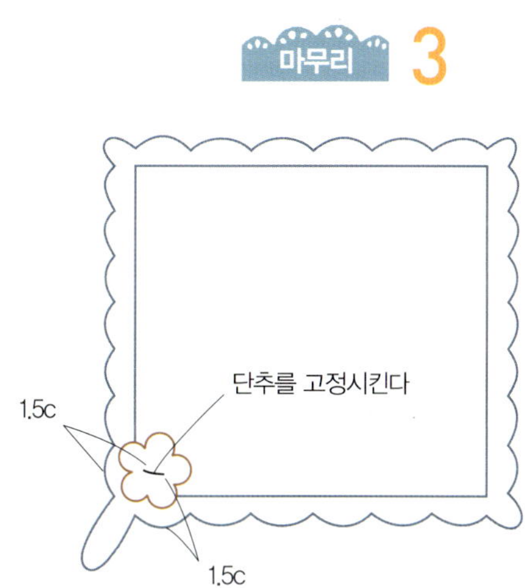

7·8

도트무늬 냄비받침

★ **실** 하마나카 러브보니 **7** 담청색(217) 20g · 아이보리색(201) 10g

        8 연갈색(221) 20g · 아이보리색(201) 10g

★ **바늘** 코바늘 6/0호

★ **완성치수** 16.5×17cm

★ **게이지** 16.5코 15.5단 배색뜨기(짧은뜨기)

배색		
	7	8
a색	담청색	연갈색
b색	아이보리색	아이보리색

뜨는 방법

❶ 사슬뜨기 시작코를 만든 다음 짧은뜨기의 배색뜨기로 도안처럼 뜹니다.

❷ 계속해서 주위에 가장자리뜨기를 뜹니다.

❸ 고리를 사슬과 짧은뜨기로 도안처럼 뜹니다.

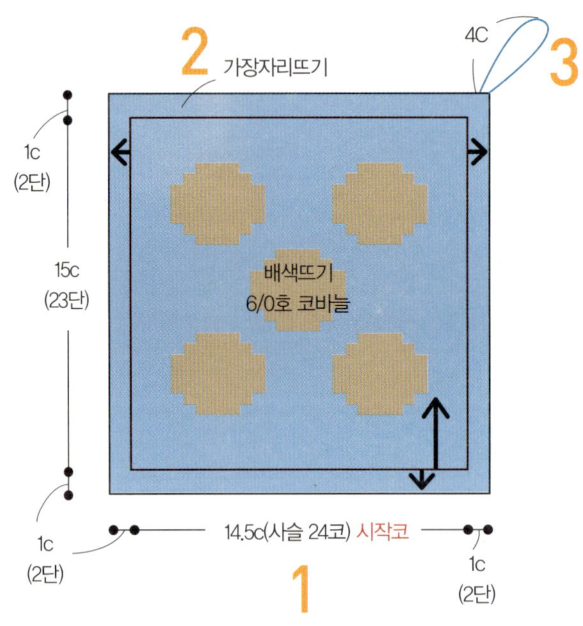

×짧은뜨기의 배색뜨기×

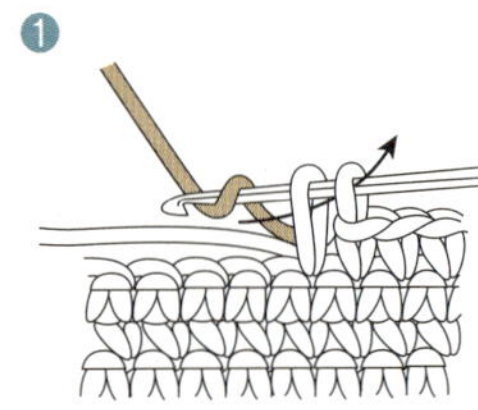

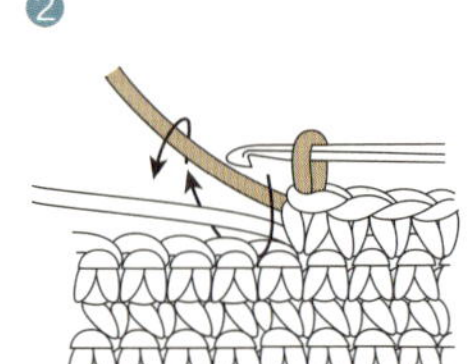

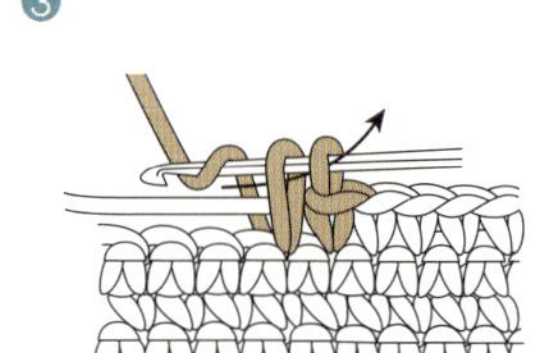

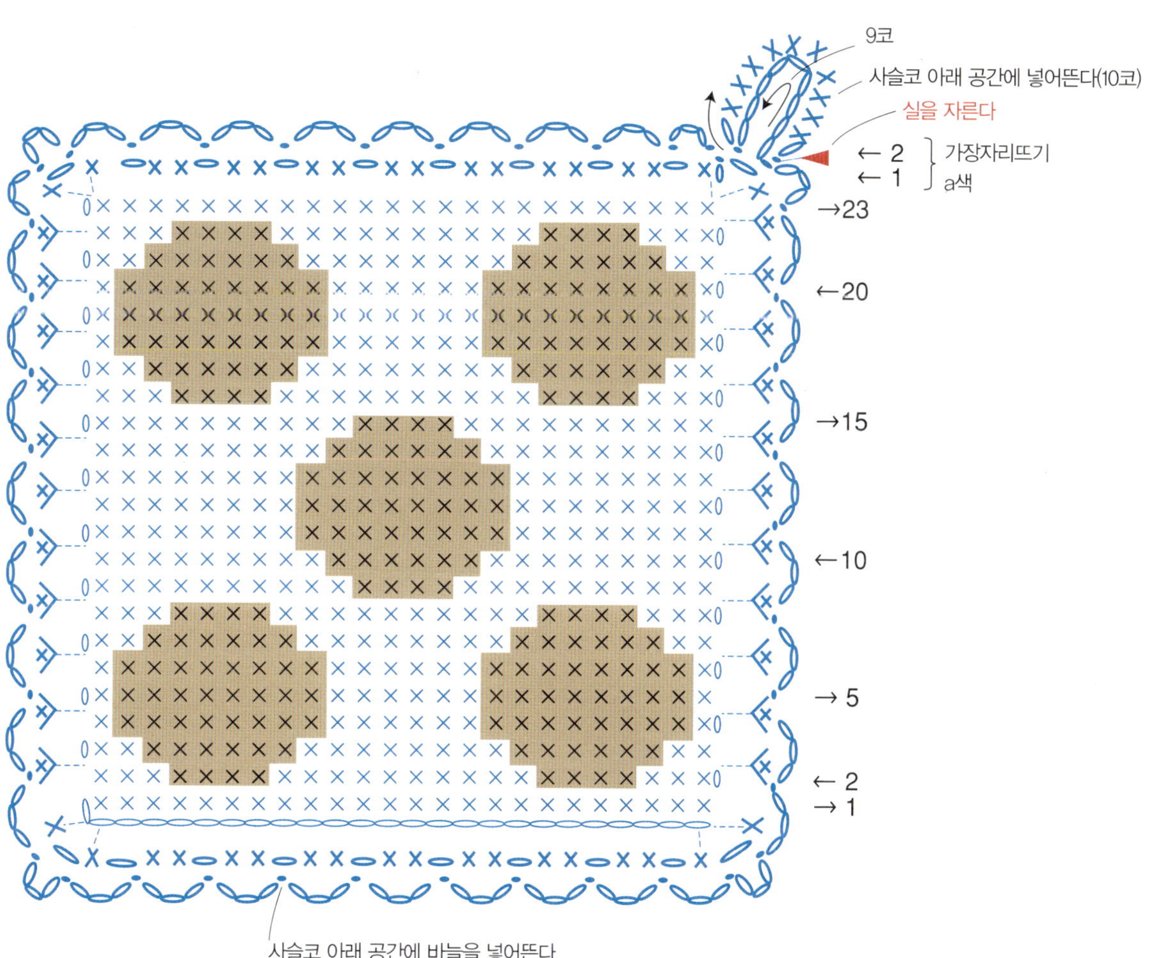

※ 첫 번째 단 = 사슬의 뒷산에 넣어뜬다

실 하마나카 보니
×
카페오레볼 T.C
(타임리스 컴포트
지유가오카)

사과 & 배 냄비집게

사과와 배를 자른 단면을 닮은 신선한 느낌의 냄비, 주전자 집게예요.
넉넉한 사이즈라 냄비받침으로도 사용할 수 있어 좋아요.

II

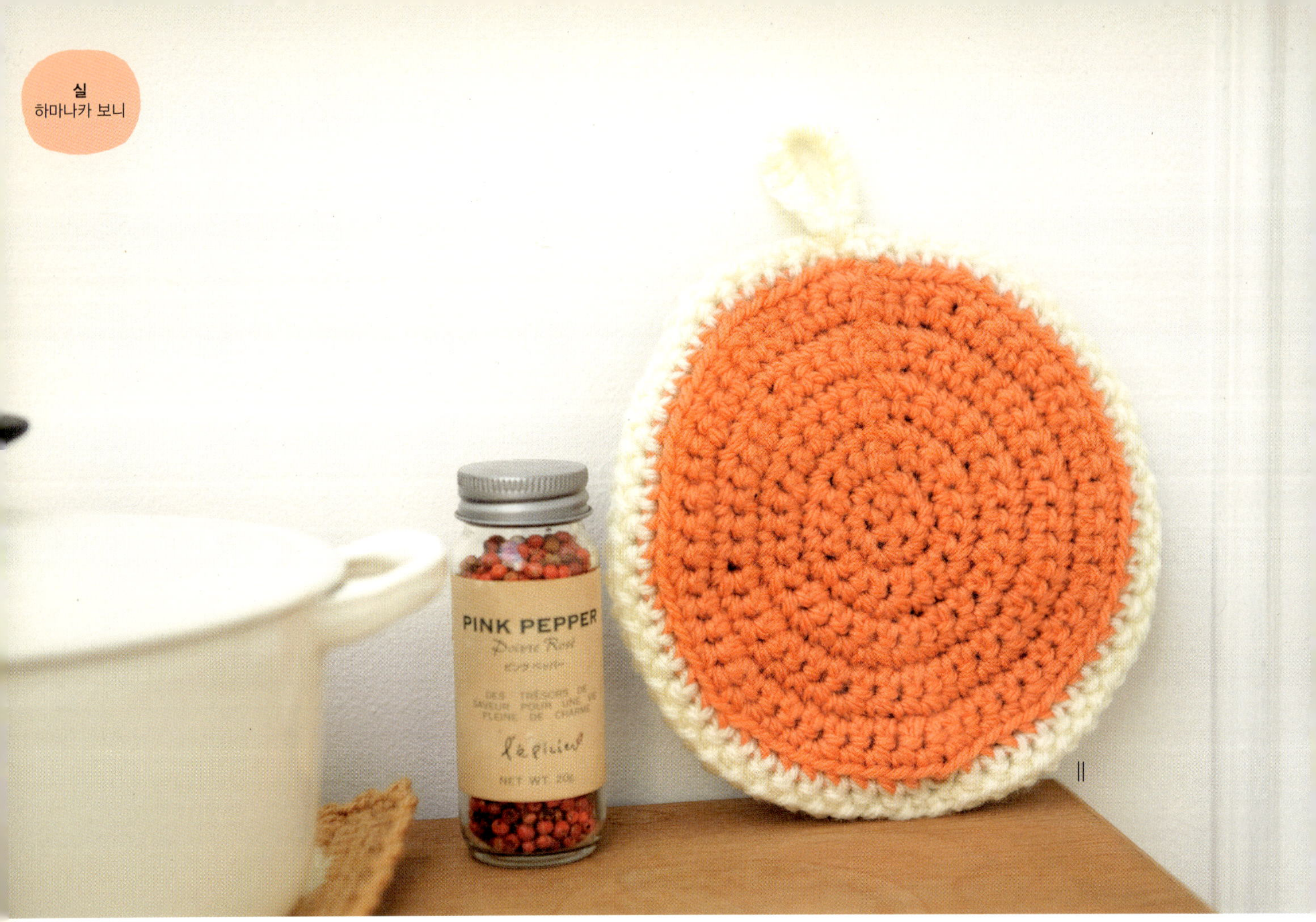

앞뒤가 다른
반전 냄비집게

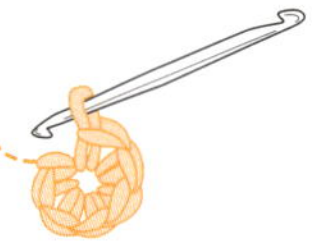

겉과 안을 다른 색으로 뜬 둥근 냄비집게.
안쪽에는 손을 넣을 수 있도록 트임을 만들어
쉽게 냄비나 주전자를 잡을 수 있도록 했어요.

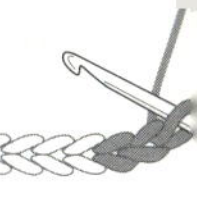

★ **실** 하마나카 보니 9 연오렌지(497) · 올드로즈(489) 각 8g · 연지(450) 5g · 올리브(494) 1g

　　　　　10 아이보리(442) · 연연두(492) 각 8g · 올리브그린(493) 5g · 올리브(494) 1g

★ **바늘** 코바늘 7.5/0호

★ **완성치수** 16×14.5cm

뜨는 방법

❶ 원형뜨기 시작코를 만든 다음 한길긴뜨기로 도안처럼 실을 바꾸면서 뜹니다.

❷ 가장자리뜨기를 뜨고, 이어서 잎사귀와 고리를 뜹니다.

7.5/0호 코바늘

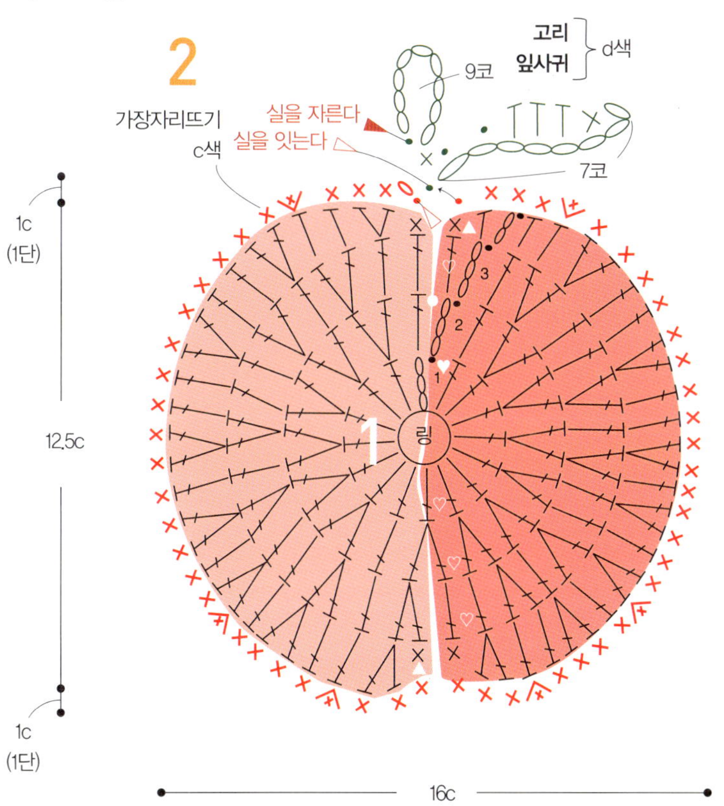

※ 실 바꾸는 방법

♡ 　한길긴뜨기 마지막 코를 뺄 때

♥ 　빼뜨기할 때

● 　사슬 세 번째 코부터

▲ 　짧은뜨기 마지막 코를 뺄 때

단	코수	늘림
4	58코	16코 늘림
3	42코	12코 늘림
2	30코	14코 늘림
1단	링 안에	16코

배색		
	9	10
a색	연오렌지	아이보리
b색	올드로즈	연연두
c색	연지	올리브그린
d색	올리브	올리브

11

반전 냄비집게

★ **실** 하마나카 보니 모카(480) 20g · 복숭아(413) 17g · 아이보리(442) 5g

★ **바늘** 코바늘 7.5/0호　　　　★ **완성치수** 지름 17.5cm

뜨는 방법

❶ 앞쪽 A·B는 원형뜨기 시작코를 만든 다음 짧은뜨기의 왕복뜨기로 도안처럼 반원으로 뜹니다.

❷ 트임 부분에 가장자리뜨기A를 뜹니다.

❸ 뒤쪽은 같은 방법으로 코를 만든 다음 짧은뜨기의 왕복뜨기로 도안처럼 뜹니다.

❹ 앞쪽 A·B와 뒤쪽을 안끼리 맞댄 다음 주위를 가장자리뜨기B로 맞춰서 꿰맵니다.

❺ 계속해서 고리를 뜹니다.

앞쪽 A

짧은뜨기, 모카
7.5/0호 코바늘

가장자리뜨기A

2

1

트임 부분

← 7c →
(10단)
1.5c
(2단)

뒤쪽

짧은뜨기, 복숭아
7.5/0호 코바늘

3

← 7.25c →
(10단)

앞쪽 B

짧은뜨기, 모카
7.5/0호 코바늘

2

가장자리뜨기A

1

트임 부분

1c(1단) ← 7c →
(10단)

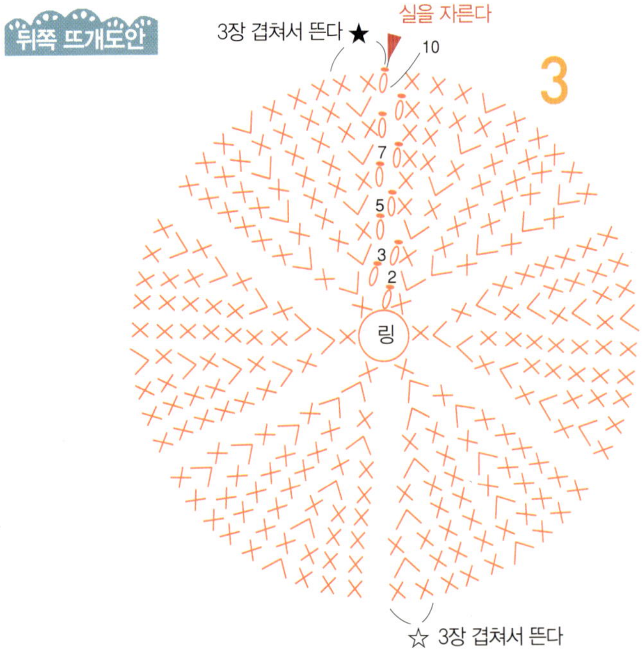

뒤쪽 뜨개도안

뒤쪽		
10	60코	
9	54코	
8	48코	
7	42코	
6	36코	매단
5	30코	6코 늘림
4	24코	
3	18코	
2	12코	
1단	링 안에 6코	

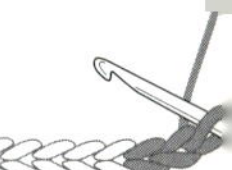

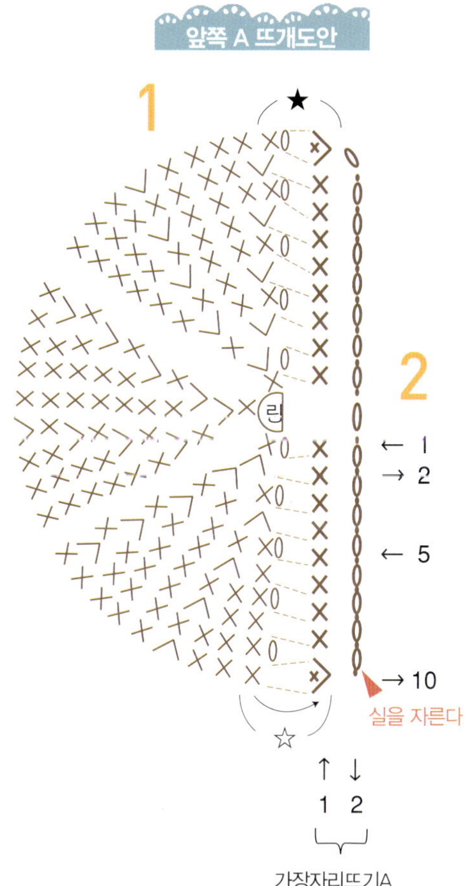

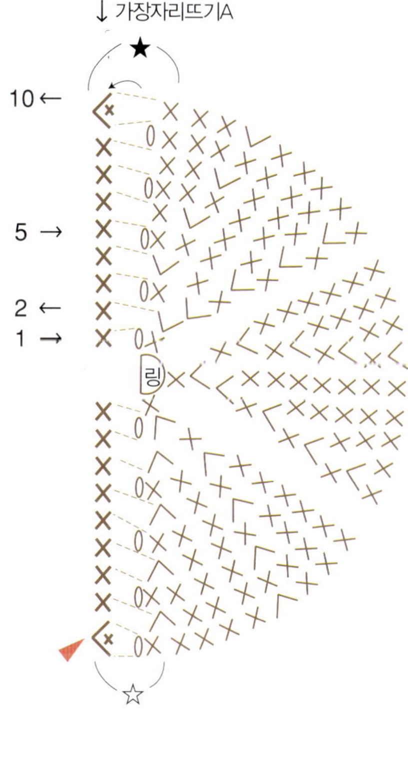

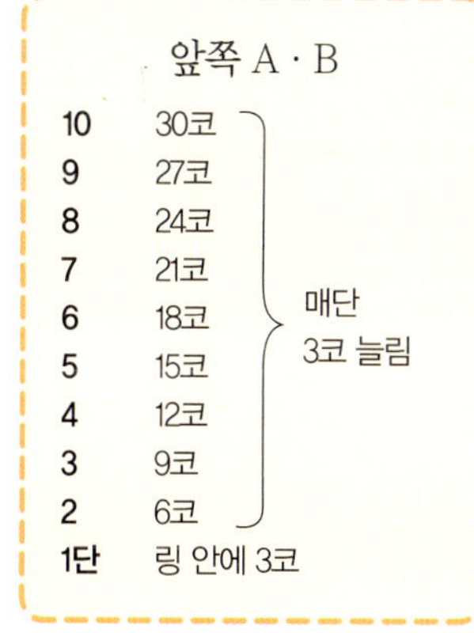

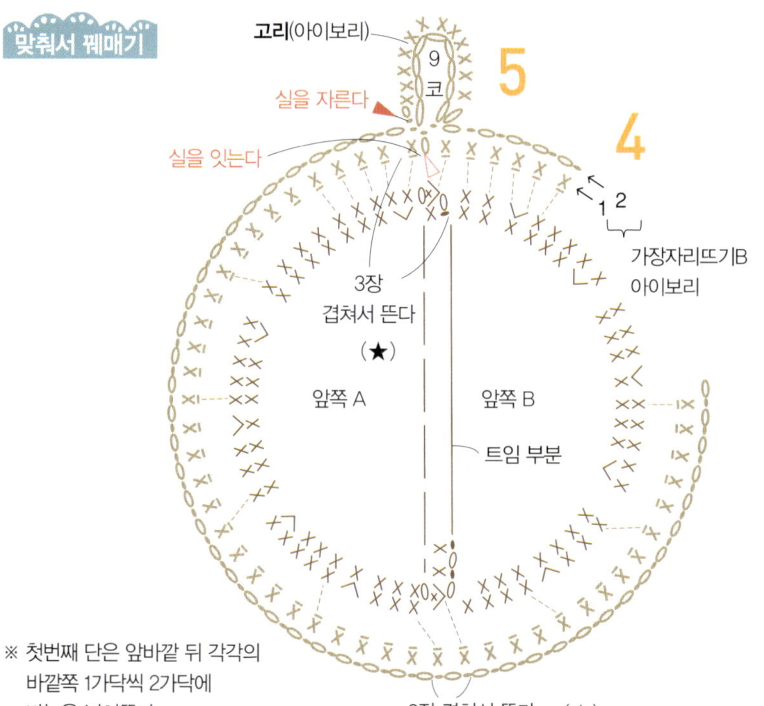

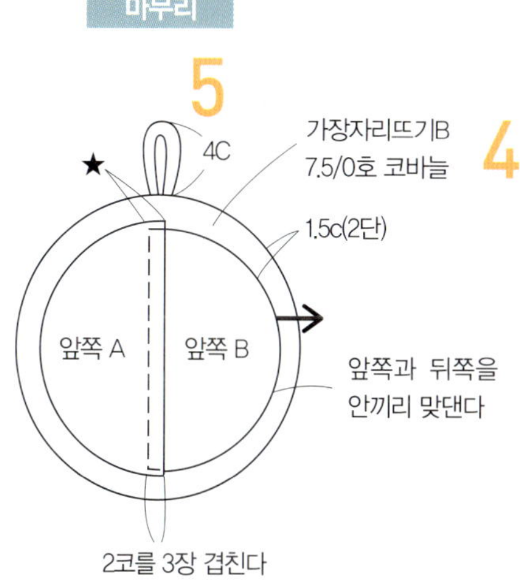

※ 가장자리뜨기B는 맞춤표시(앞쪽의 2장과
뒤쪽의 1장)의 3장을 겹쳐서 한꺼번에 뜬다

모티프와 레이스

사각형 모티프

모티프는 처음에는 조금 어려워 보일 수 있지만
반복되는 패턴이어서 한번 익혀두면 다음에는 쉽게 뜰 수 있어요.
기본이 되는 사각형 모티프부터 익혀보아요.

다각형 모티프

중심에서부터 떠서 만든 삼각형, 육각형, 직사각형 모티프.
손쉽게 뜰 수 있고 두루두루 활용할 수 있어요.
작품 17은 단순히 모티프 두 장을 연결해서 만든 거랍니다.

앤티크 레이스

섬세한 레이스 문양을 자연스러움이 묻어나는 색상으로
뜨면 약간 앤티크하면서 우아한 느낌도 든답니다.
테이블이나 선반 위에 장식으로 놓아두세요.

18 실
하마나카 보니
×
19·20 실
하마나카 러브보니

입체 꽃장식

삼중으로 된 꽃잎이 화사함을 자아내는 입체 꽃장식.
방에 걸어두고 즐겨보는 것도 좋겠지요.
지인에게 선물한다면 분명 좋아할 거예요.

★ **실** 하마나카 보니 **12**아이보리(442) 10g　**13**분홍색(479) 10g　**14**크림색(478) 10g
★ **바늘** 코바늘 7.5/0호
★ **완성치수** 11×11cm

뜨는 방법

❶ 원형뜨기 시작코를 만든 다음 도안처럼 뜹니다.

❷ 마지막 단에 고리를 뜹니다.

7.5/0호 코바늘

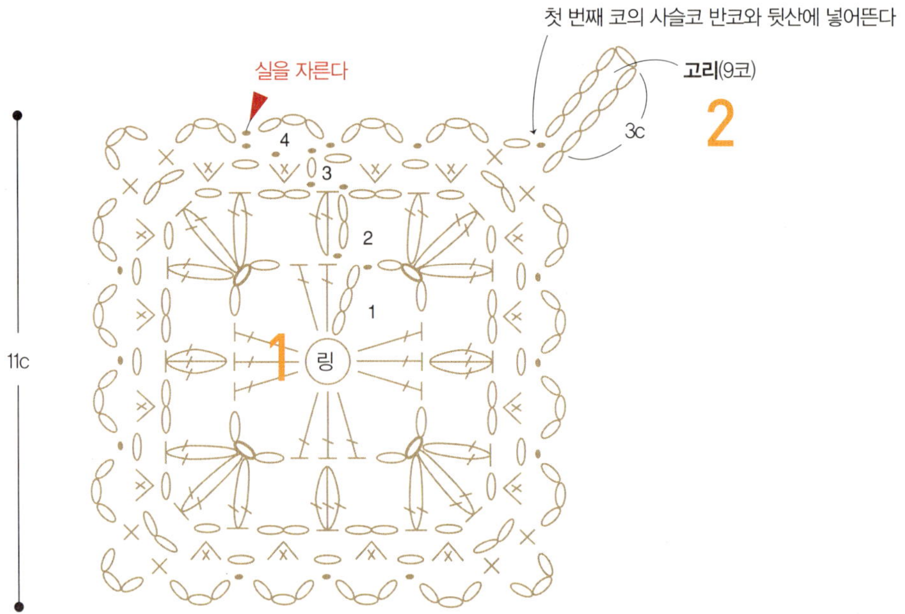

※ 마지막 단의 빼뜨기는 사슬 아래 공간에 바늘을 넣어뜬다
　모서리의 방울뜨기는 이전 단의 사슬(○)의 반코와 뒷산에 넣어뜬다

15·16
다각형 모티프

★ **실** 하마나카 보니 15 라벤더(496) 6g · 아이보리(442) 3g   16 베이비블루(439) 6g · 아이보리(442) 5g
★ **바늘** 코바늘 7.5/0호
★ **완성치수** 그림 참조

뜨는 방법

❶ 원형뜨기 시작코를 만든 다음 도안처럼 실을 바꿔서 뜹니다.

❷ 마지막 단에 고리를 뜹니다.

배색		
	15	16
1단	아이보리	베이비블루
2단	라벤더	베이비블루
3단	아이보리	베이비블루
4단	라벤더	아이보리
5단	아이보리	베이비블루

15 뜨개도안

7.5/0호 코바늘

16 뜨개도안

7/0호 코바늘

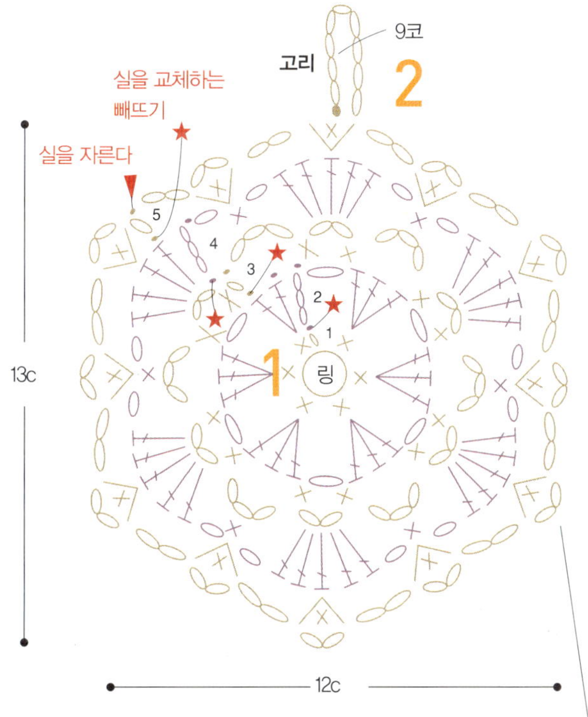

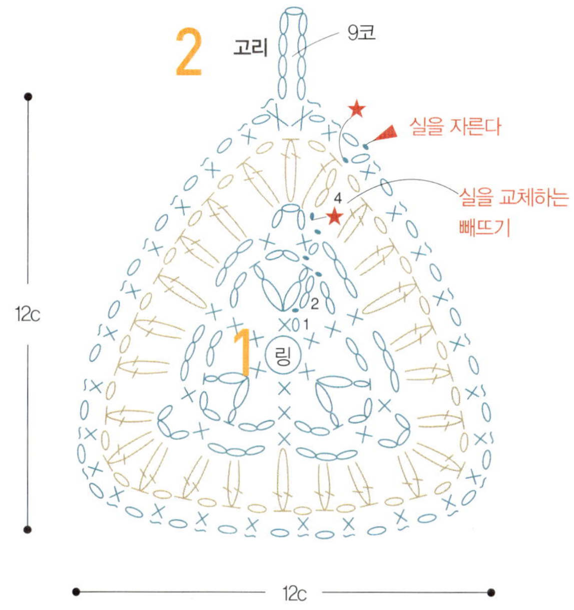

이전 단의 1코에 짧은뜨기 1코, 사슬 2코, 짧은뜨기 1코를 뜬다

17

직사각형 모티프

★ **실** 하마나카 보니 연연두(492) 12g · 아이보리(442) 8g

★ **바늘** 코바늘 7.5/0호

★ **완성치수** 22×11cm

배색	
1단	아이보리
2단	연연두
3단	아이보리
4단	연연두

뜨는 방법

❶ 원형뜨기 시작코를 만든 다음 도안처럼
  실을 바꿔서 뜹니다.

❷ 두 번째 모티프도 똑같이 뜨면서 모티프의 화살표 앞쪽 코에 빼뜨기로
  연결하고 마지막 단에서 고리를 뜹니다.

뜨개도안

7.5/0호 코바늘

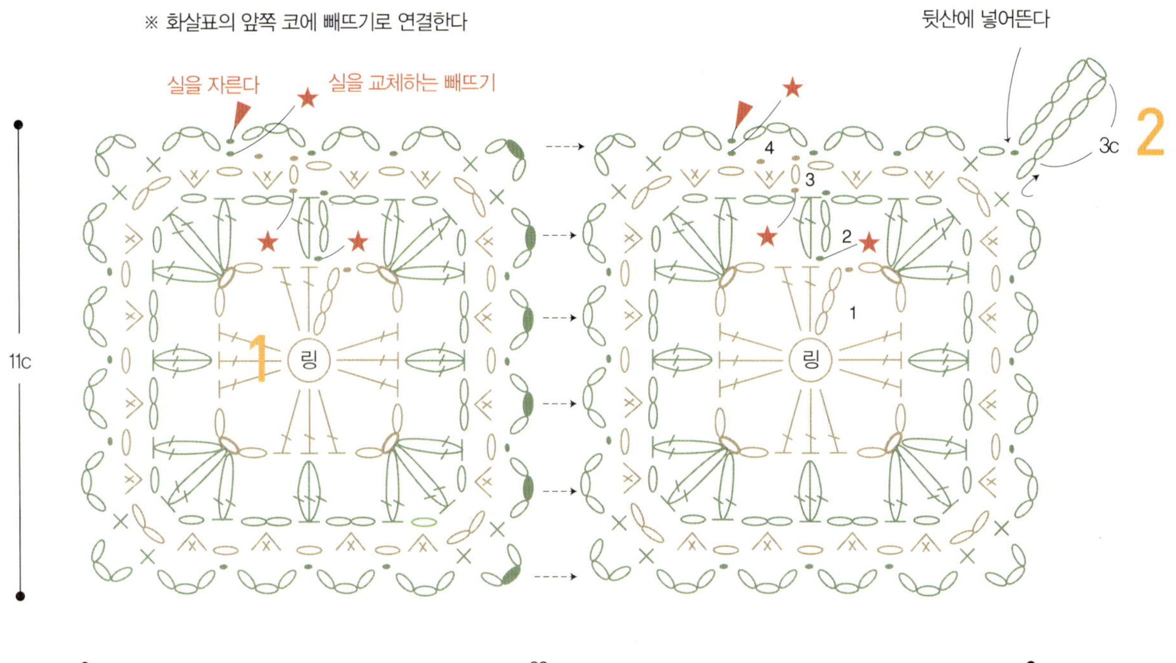

※ 마지막 단의 빼뜨기는 사슬코 아래 공간에 바늘을 넣어뜬다
  모서리의 방울뜨기는 이전 단의 사슬(◯)의 반코와 뒷산에 넣어뜬다

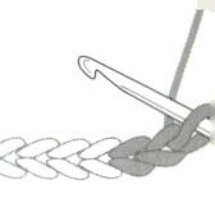

18·19·20
앤티크 레이스

★ **실** 하마나카 보니 **18** 모카(480) 16g

하마나카 러브보니 **19** 베이지(203) 9g **20** 아이보리(201) 9g

★ **바늘** 18 코바늘 7.5/0호, 19·20 5/0호

★ **완성치수** 18 지름 17cm, 19·20 지름 13cm

뜨는 방법

❶ 원형뜨기 시작코를 만든 다음 도안처럼 뜹니다.

배색		
18	19	20
모카	베이지	아이보리

18 7.5/0호 코바늘
19·20 5/0호 코바늘

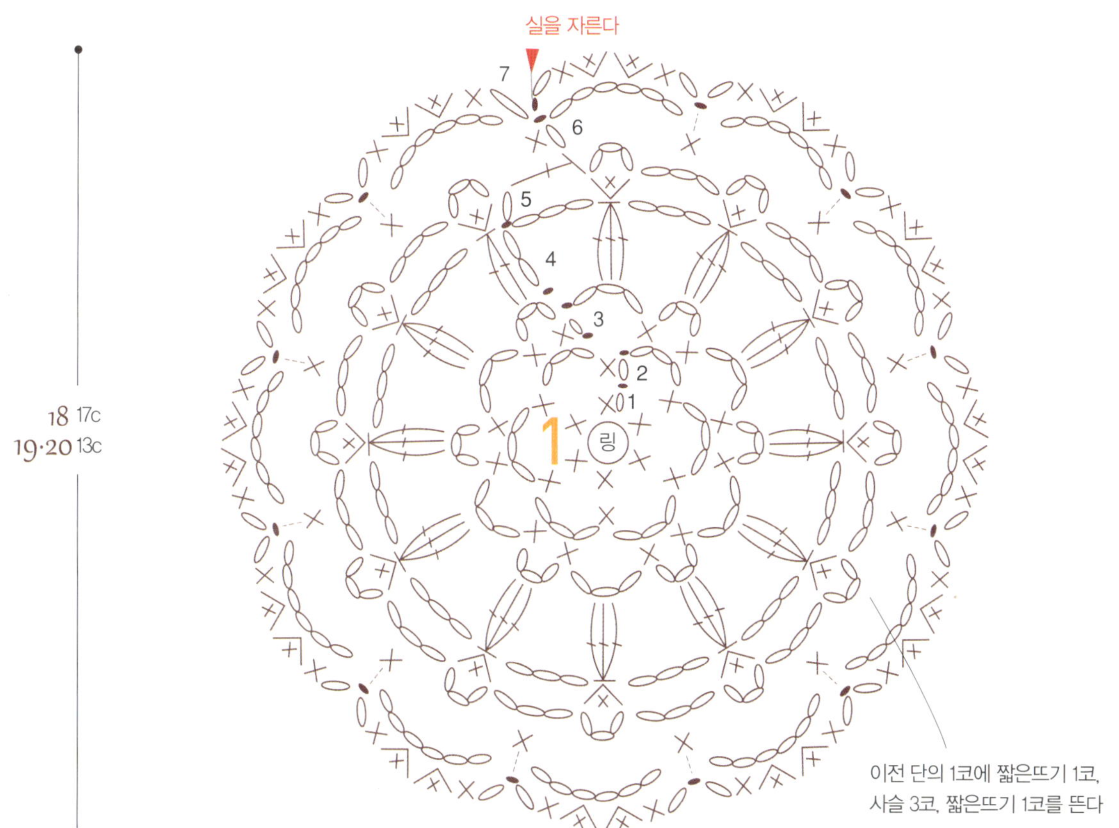

※ 일곱 번째 단의 짧은뜨기는 사슬뜨기의 반코와 뒷산에 넣어뜬다
뜨기 끝부분은 여섯 번째 단의 짧은뜨기 머리에 빼뜨기한다

★ **실** 하마나카 보니 **21** 라벤더(496) · 아이보리(442) 각 7g

       22 연오렌지(497) · 오렌지(434) 각 7g

       23 아이보리(442) · 파스텔그린(407) 각 7g

★ **바늘** 코바늘 7.5/0호

★ **완성치수** 지름 11cm

뜨는 방법

❶ 꽃 모티프는 원형뜨기 시작코를 만든 다음 도안처럼 실을 바꿔서 뜹니다.

❷ 토대는 같은 방법으로 코를 만든 다음 도안처럼 뜨고, 이어서 고리를 뜹니다.

❸ 꽃 모티프의 뒤쪽에 토대를 겹친 다음 감침질로 답니다.

7.5/0호 코바늘

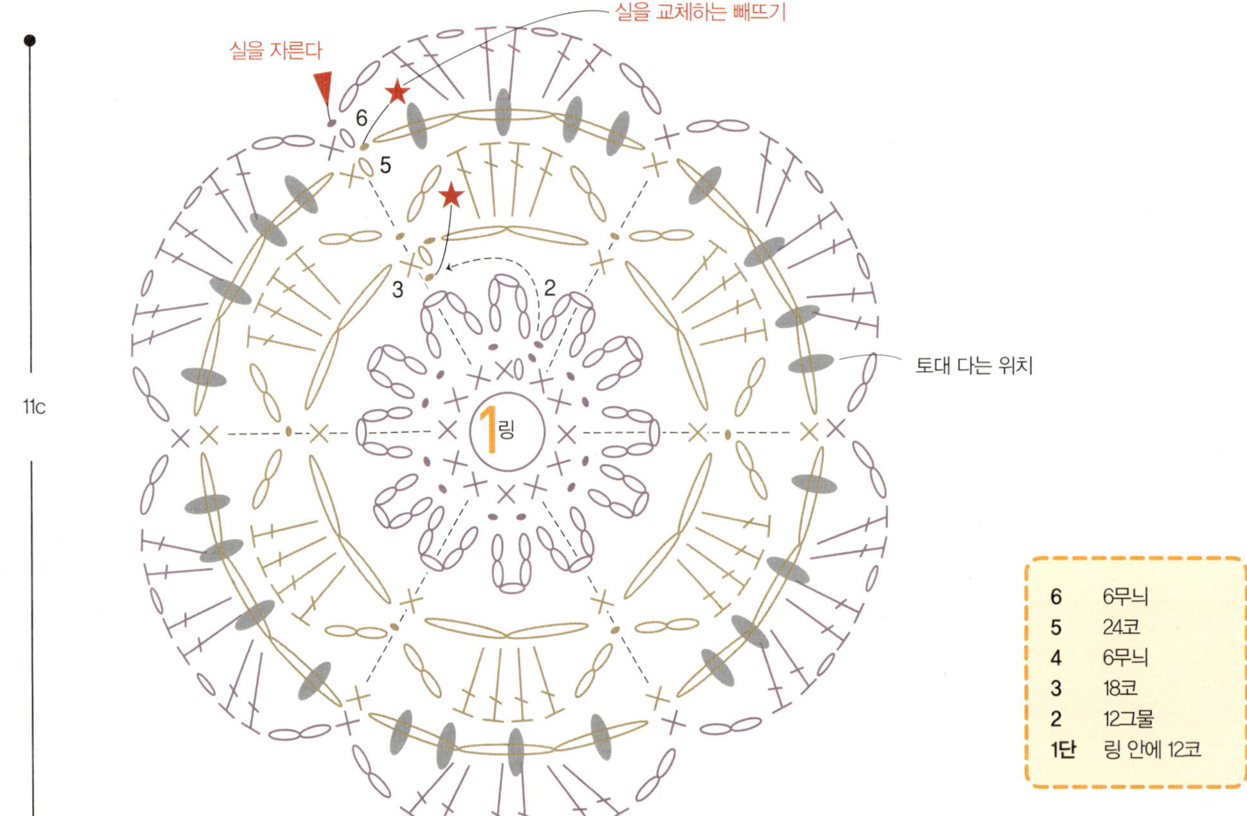

6	6무늬
5	24코
4	6무늬
3	18코
2	12그물
1단	링 안에 12코

※ 세 번째 단의 짧은뜨기는 두 번째 단을 앞쪽으로 넘긴 다음 첫 번째 단의 짧은뜨기 머리에 넣어뜬다
  다섯 번째 단도 같은 방법으로 세 번째 단 짧은뜨기 머리에 넣어뜬다

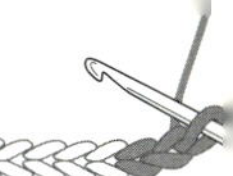

7.5/0호 코바늘

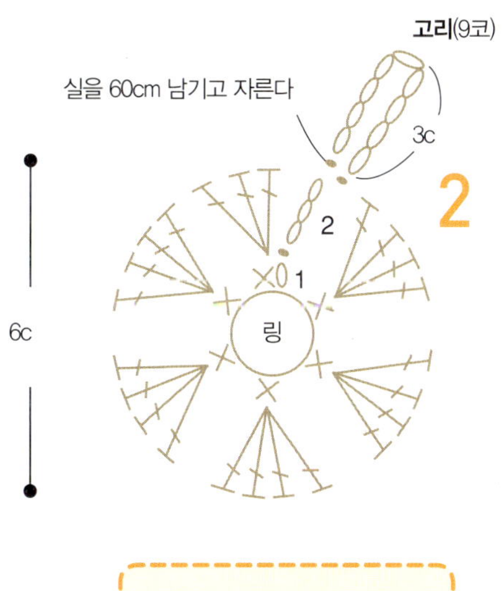

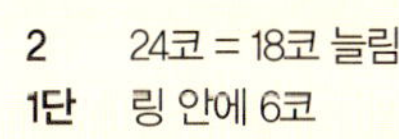

| 2 | 24코 = 18코 늘림 |
| 1단 | 링 안에 6코 |

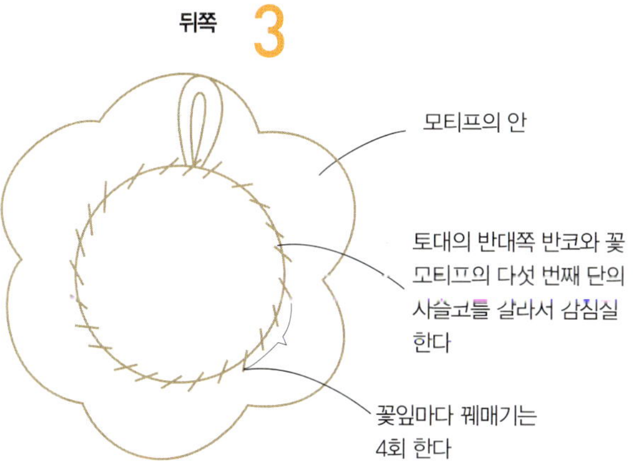

배색			
	21	22	23
1~3단	라벤더	연오렌지	아이보리
4~5단	아이보리	오렌지	파스텔그린
6단	라벤더	연오렌지	아이보리
토대	아이보리	오렌지	파스텔그린

Lesson 3
청소걸레와 수세미
24
25
26
실
하마나카 보니

북유럽 스타일 청소걸레

북유럽 국가의 국기를 닮은, 깜찍한 느낌의 청소걸레예요. 한길긴뜨기를 이용해 눈 깜짝할 사이에 뜰 수 있답니다.

약간 큰 사이즈로 만들어서 사용하기에 더욱 편해요.

청소하기가 즐거워지고 집 안이 항상 반짝반짝 빛날 거예요.

하트 청소걸레 

산뜻한 색상으로 뜬 하트 모양 청소걸레예요.
방 창문이나 거울을 닦을 때 사용해도 좋고,
주방에서 설거지를 할 때 써도 아주 좋답니다.

29   30

실
하마나카 보니
31
32

★ **실** 하마나카 보니 **24** 아이보리(442) 8g · 연지색(450) 7g
25 남색(473) 8g · 아이보리(442) 7g
26 겨자색(491) 8g · 담청색(487) 7g

★ **바늘** 코바늘 7.5/0호
★ **완성치수** 14×13.5cm
★ **게이지** 12.5코 6단(한길긴뜨기)

뜨는 방법

❶ 사슬뜨기 시작코를 만든 다음 한길긴뜨기로 도안처럼 도중에 실을 바꾸면서 뜹니다.

❷ 주위에 십자무늬와 똑같은 색으로 가장자리뜨기를 뜨면서 모서리에 고리를 뜹니다.

배색			
	24	25	26
a색	연지색	아이보리	담청색
b색	아이보리	남색	겨자색

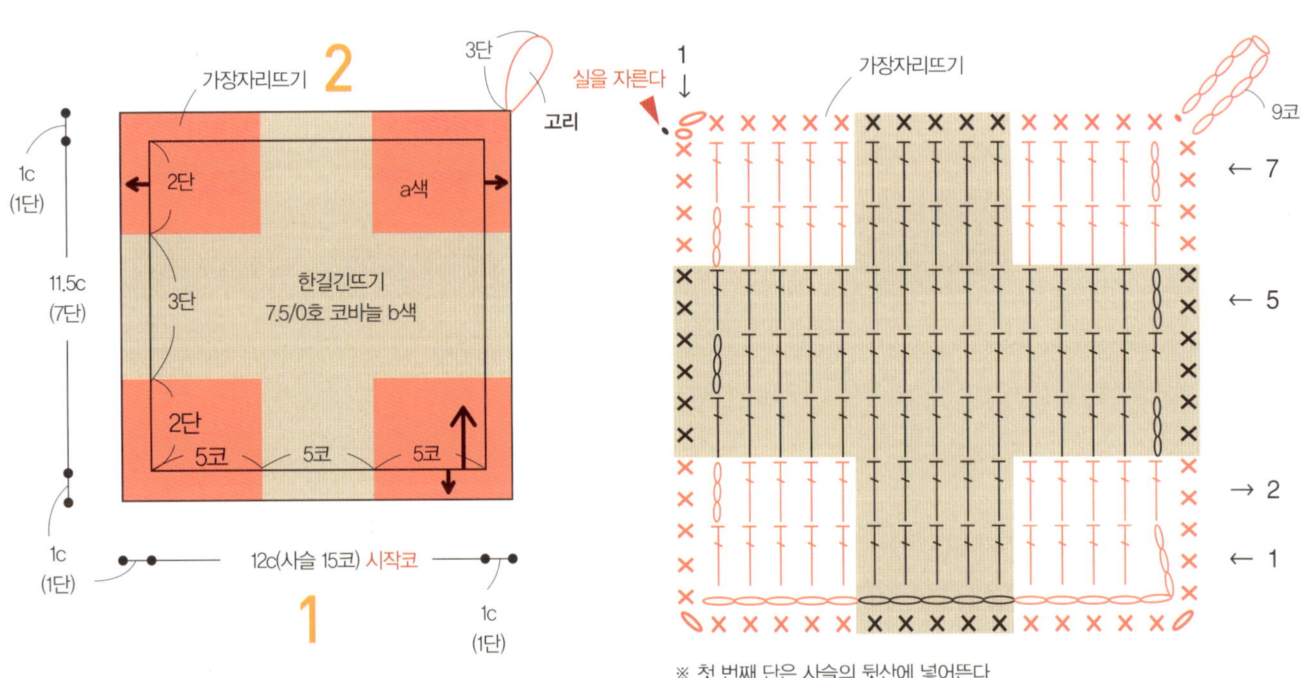

※ 첫 번째 단은 사슬의 뒷산에 넣어뜬다

27·28

북유럽스타일 청소걸레

★ **실** 하마나카 러브보니 **27** 아이보리(201) 25g · 올리브(214) 20g

　　 28 빨간색(211) 25g · 아이보리(201) 20g

★ **바늘** 코바늘 6/0호

★ **완성치수** 22×20.5cm

★ **게이지** 16.5코 15.5단 배색뜨기(짧은뜨기)

뜨는 방법

❶ 사슬뜨기 시작코를 만든 다음 짧은뜨기의 배색뜨기로 도안처럼 뜹니다.

❷ 주위에 b색으로 가장자리뜨기를 뜨면서 모서리에 고리를 뜹니다.

배색		
	27	28
a색	아이보리	빨간색
b색	올리브	아이보리

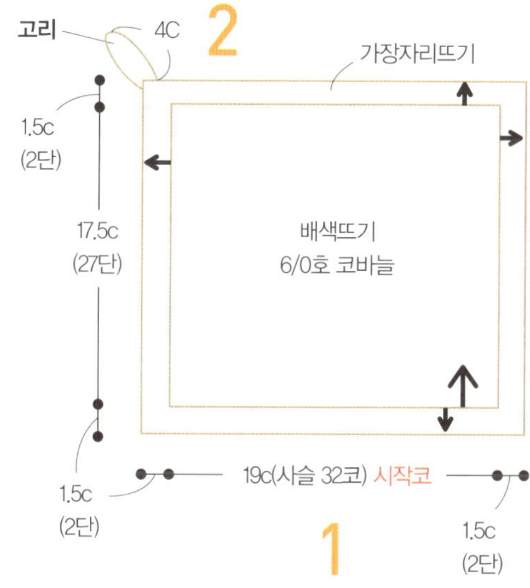

뜨개도안

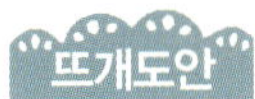

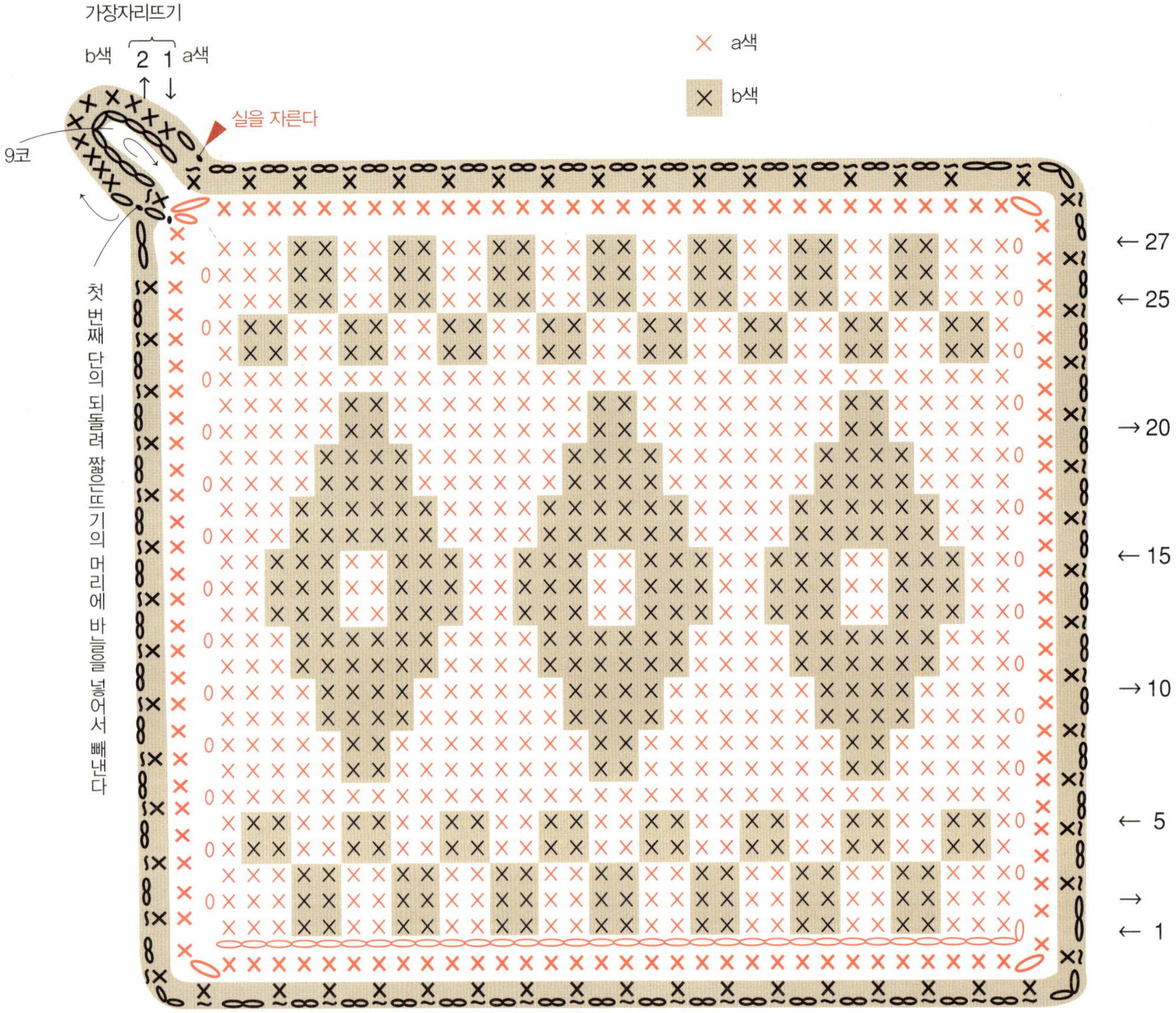

※ 첫 번째 단은 사슬의 뒷산에 넣어뜬다
가장자리뜨기 = 단에서 뜰 때는 짧은뜨기의 머리에 넣어뜬다

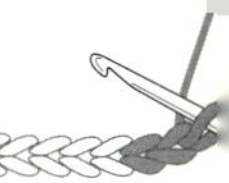

★ **실** 하마나카 보니 29로즈핑크(474) 12g 30오렌지(434) 12g
　　　　　　　31분홍(479) 12g　　　32라벤더(496) 12g

★ **바늘** 코바늘 7.5/0호

★ **완성치수** 16×11.5cm

뜨는 방법

❶ 사슬뜨기 시작코를 만든 다음 한길긴뜨기로 도안처럼 증감코를 하면서 뜨고, 두 번째 단을 뜨는 도중에 고리를 뜹니다.

❷ 주위에 되돌려 짧은뜨기를 뜹니다.

배색			
29	30	31	32
로즈핑크	오렌지	분홍	라벤더

7.5/0호 코바늘

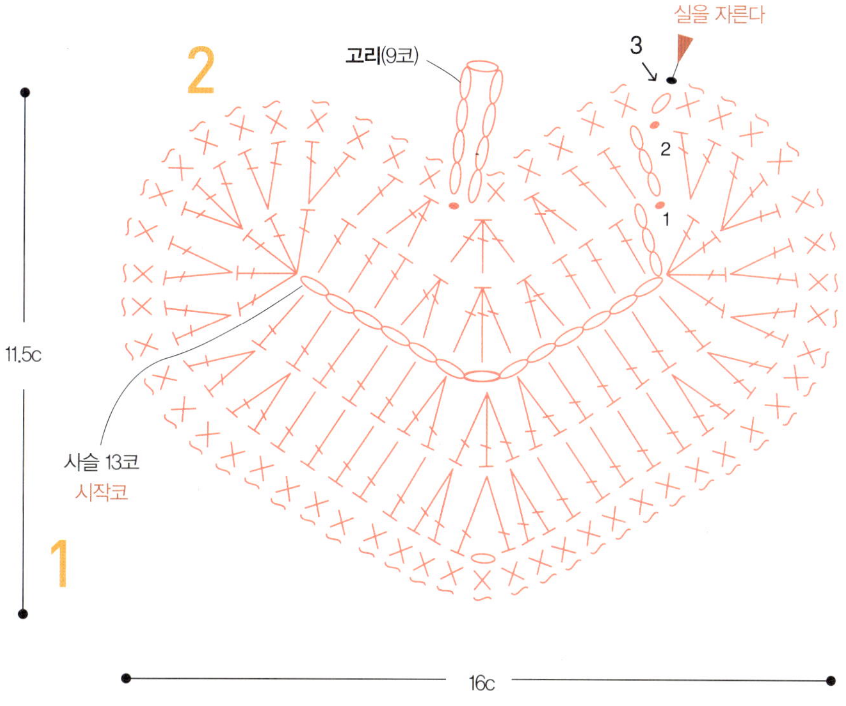

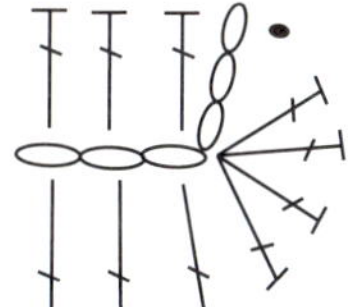

3	52코 증감 없이
2	52코(4코 줄임, 20코 늘림)
1단	사슬 13코에서 36코 뜬다

풍차 수세미

직사각형 네 개를 연결해서 뜬 다음
풍차처럼 안쪽에서 이어서 원형으로 모양을 다듬었습니다.
두 가지 색으로 뜬 보더무늬로 깜찍함과 산뜻함을 더해보았어요.

커피잔 수세미

커피잔 모양의 귀여운 수세미는 윗부분이 주머니처럼 뚫려 있어서
손을 반 정도 넣을 수 있어요. 접시나 컵을 닦을 때 매우 편리하답니다.

How to make

33·34·35
풍차 수세미

★ **실** 하마나카 보니 33 로즈핑크 (474) 15g · 연오렌지(406) 13g

　34블루그린(424) 15g · 베이비블루(439) 13g

　35금색(433) 15g · 크림색(478) 13g

★ **바늘** 코바늘 8/0호

★ **완성치수** 지름 약 12cm

뜨는 방법

❶ 본판의 첫 번째 장은 사슬뜨기 시작코를 만든 다음 짧은뜨기의
2단 배색무늬로 도안처럼 뜹니다.

❷ 두 번째 장은 첫 번째 장의 단에서 7코를 뜹니다.

❸ 같은 방법으로 세 번째, 네 번째 장을 뜹니다.

❹ 꿰맬 때는 두 번째 장의 • 에서 남겨둔 실을 꺼내어 도안처럼 연결합니다.

❺ 본판 1의 여섯 번째 단에 고리를 답니다.

배색			
	33	34	35
a색	로즈핑크	블루그린	금색
b색	연오렌지	베이비블루	크림색

본판

짧은뜨기 2단 배색무늬
8/0호 코바늘

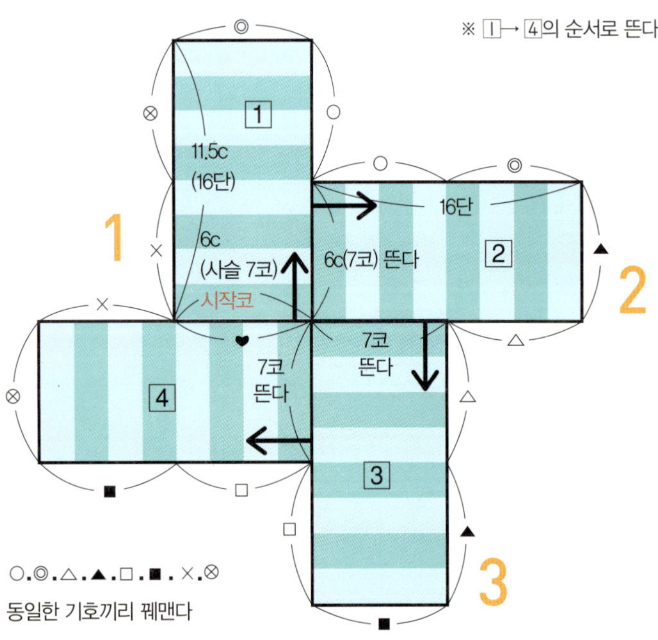

고리

8/0호 코바늘 a색

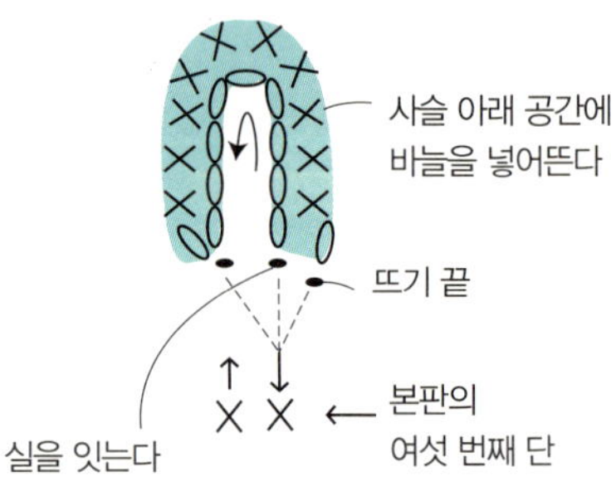

본판 뜨개도안과 연결

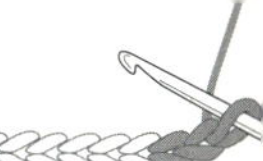

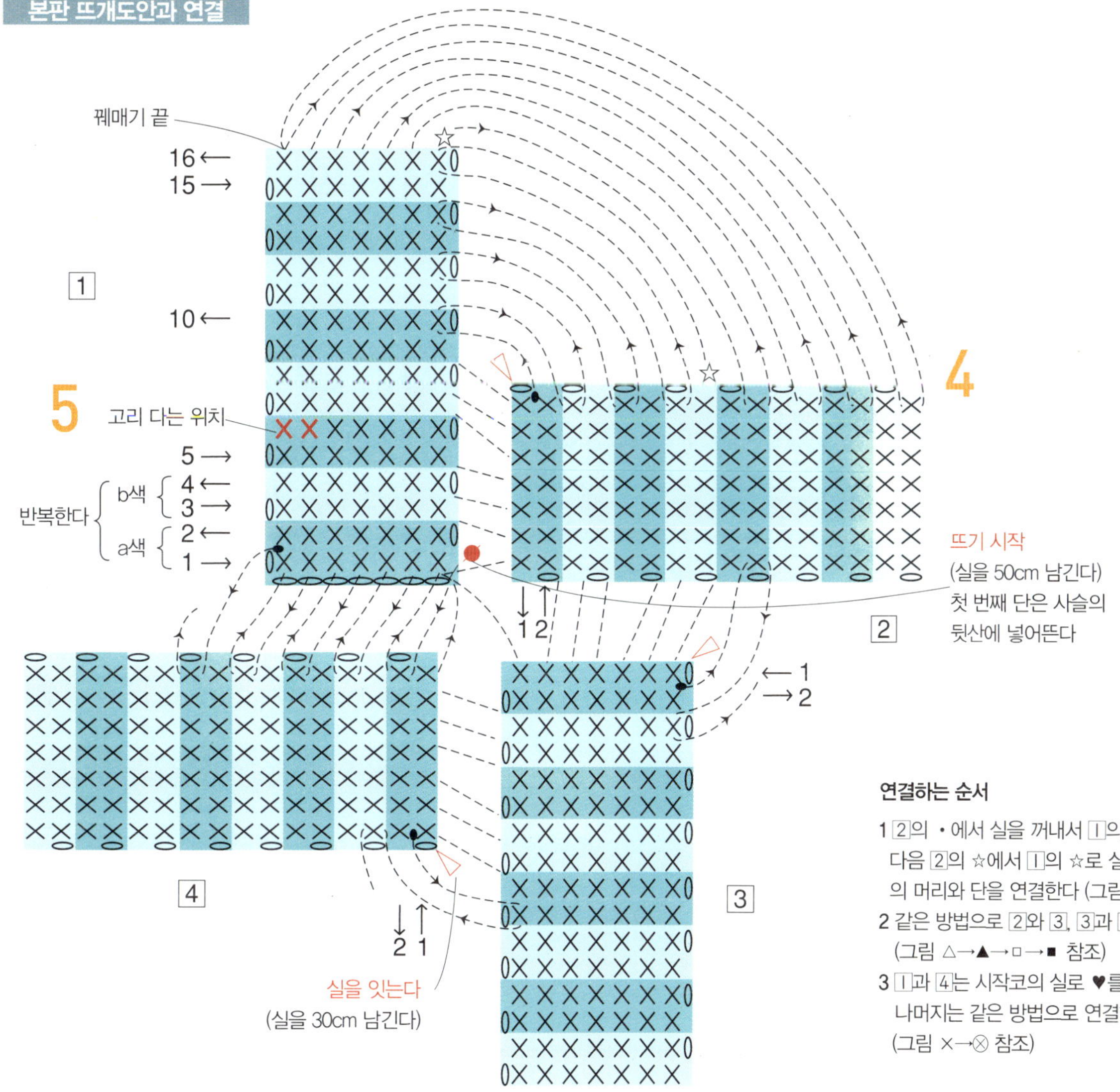

연결하는 순서

1 2의 •에서 실을 꺼내서 1의 9~16단과 연결한 다음 2의 ☆에서 1의 ☆로 실을 꺼내서 짧은뜨기의 머리와 단을 연결한다 (그림 ○→◎ 참조)

2 같은 방법으로 2와 3, 3과 4를 연결한다 (그림 △→▲→□→■ 참조)

3 1과 4는 시작코의 실로 ♥를 연결하고, 나머지는 같은 방법으로 연결한다 (그림 ×→⊗ 참조)

마무리

앞쪽

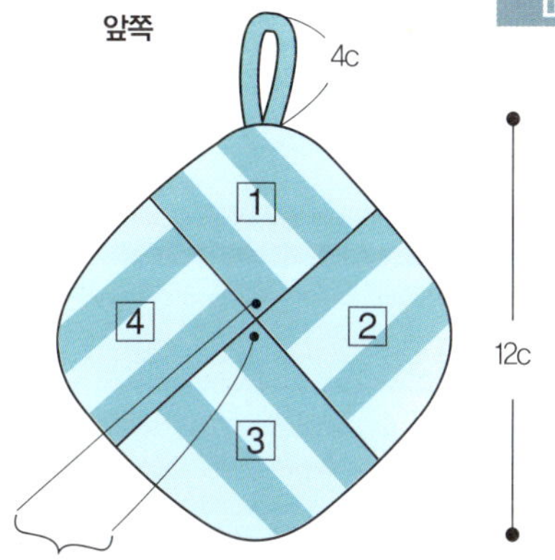

뒤쪽으로 나온 2색의 실을 묶어 중앙을 고정한 다음 실 끝을 속으로 넣는다

뒤쪽

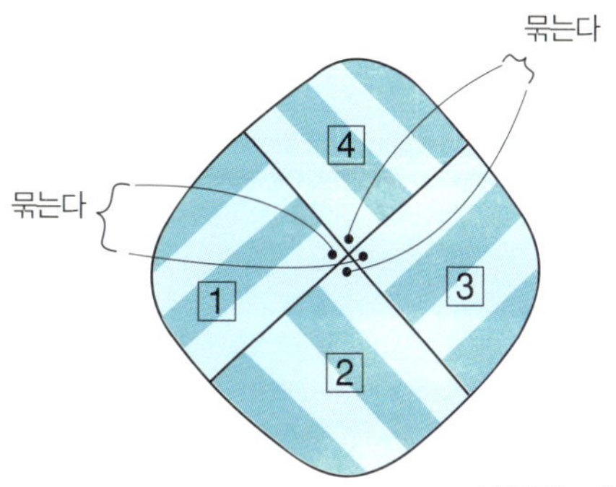

대칭되는 실로 각각 튼튼하게 묶은 다음 1가닥을 앞쪽으로 보낸다

★ **실** 하마나카 보니 36모카(480) 14g · 아이보리(442) 5g
　　　　　　37 아이보리(442) 13g · 파란색(462) 5g
★ **바늘** 코바늘 7.5/0호
★ **완성치수** 9.5×11cm
★ **게이지** 12.5코 14단(짧은뜨기)

뜨는 방법

❶ 본판은 사슬뜨기 시작코를 만든 다음 짧은뜨기로 도안처럼 실을 바꿔서 뜹니다.
❷ 계속해서 손잡이를 뜹니다.

배색		
	36	37
a색	모카	아이보리
b색	아이보리	파란색

7.5/0호 코바늘 짧은뜨기

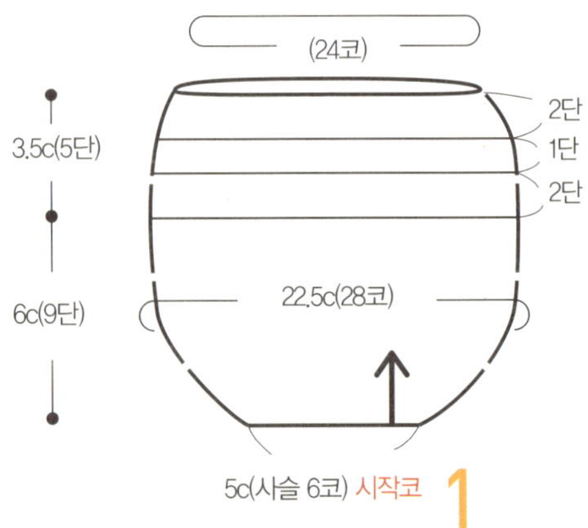

7.5/0호 코바늘 a색

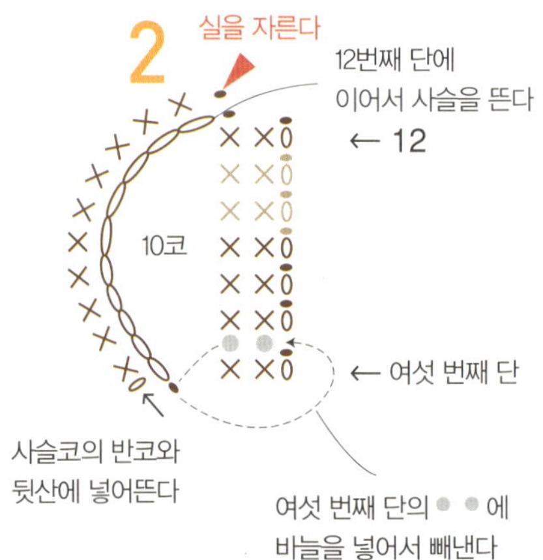

본판 뜨개도안

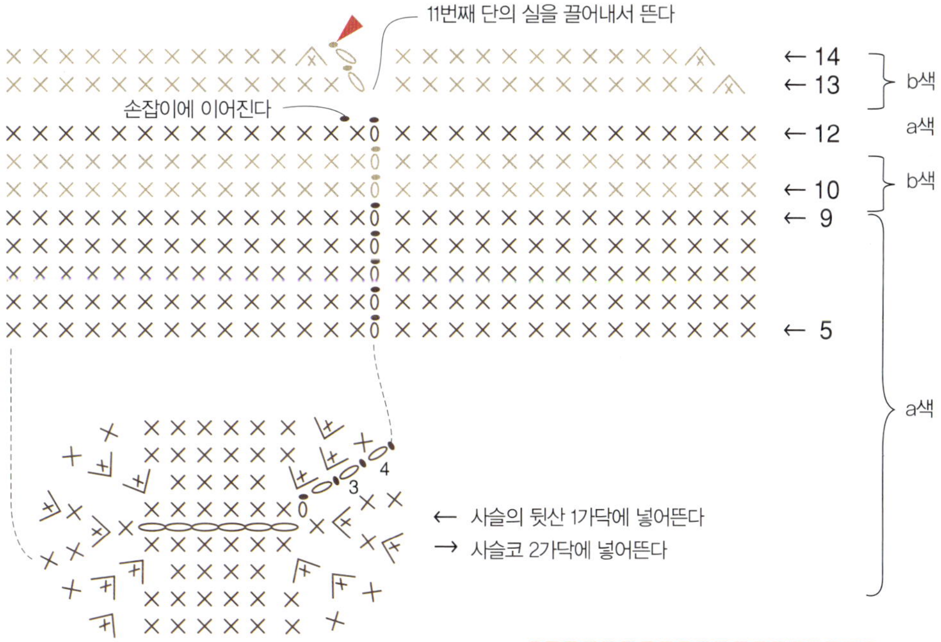

11번째 단의 실을 끌어내서 뜬다
손잡이에 이어진다
← 14
← 13
b색
← 12
a색
← 10
b색
← 9
← 5
a색
3
4
← 사슬의 뒷산 1가닥에 넣어뜬다
→ 사슬코 2가닥에 넣어뜬다

14	24코	매단 2코 줄임
13	26코	
12	28코	증감 없이
≀	≀	
5	28코	
4	28코	매단 4코 늘림
3	24코	
2	20코	6코 늘림
1단	사슬 6코에서 14코 뜬다	

마무리

36
2단
1단
2단
4코
2코
1단
플라이스티치 b색 1가닥

37
2단
1코
4코
1단
1단
플라이스티치
백스티치 b색 1가닥

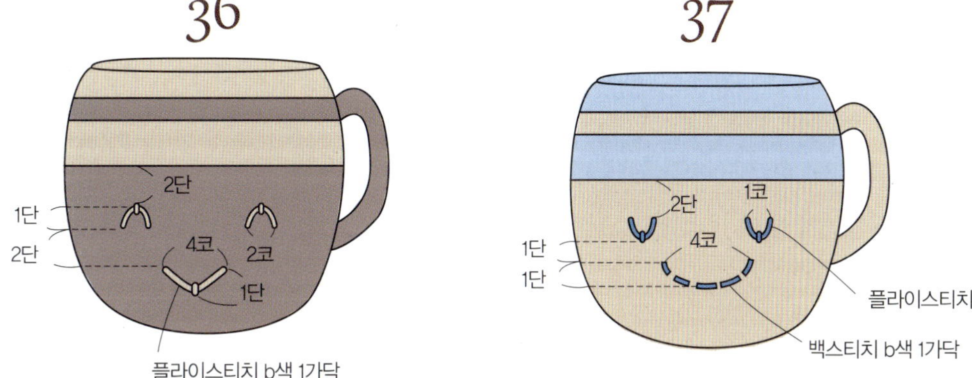

Lesson 4

다양한 청소도구

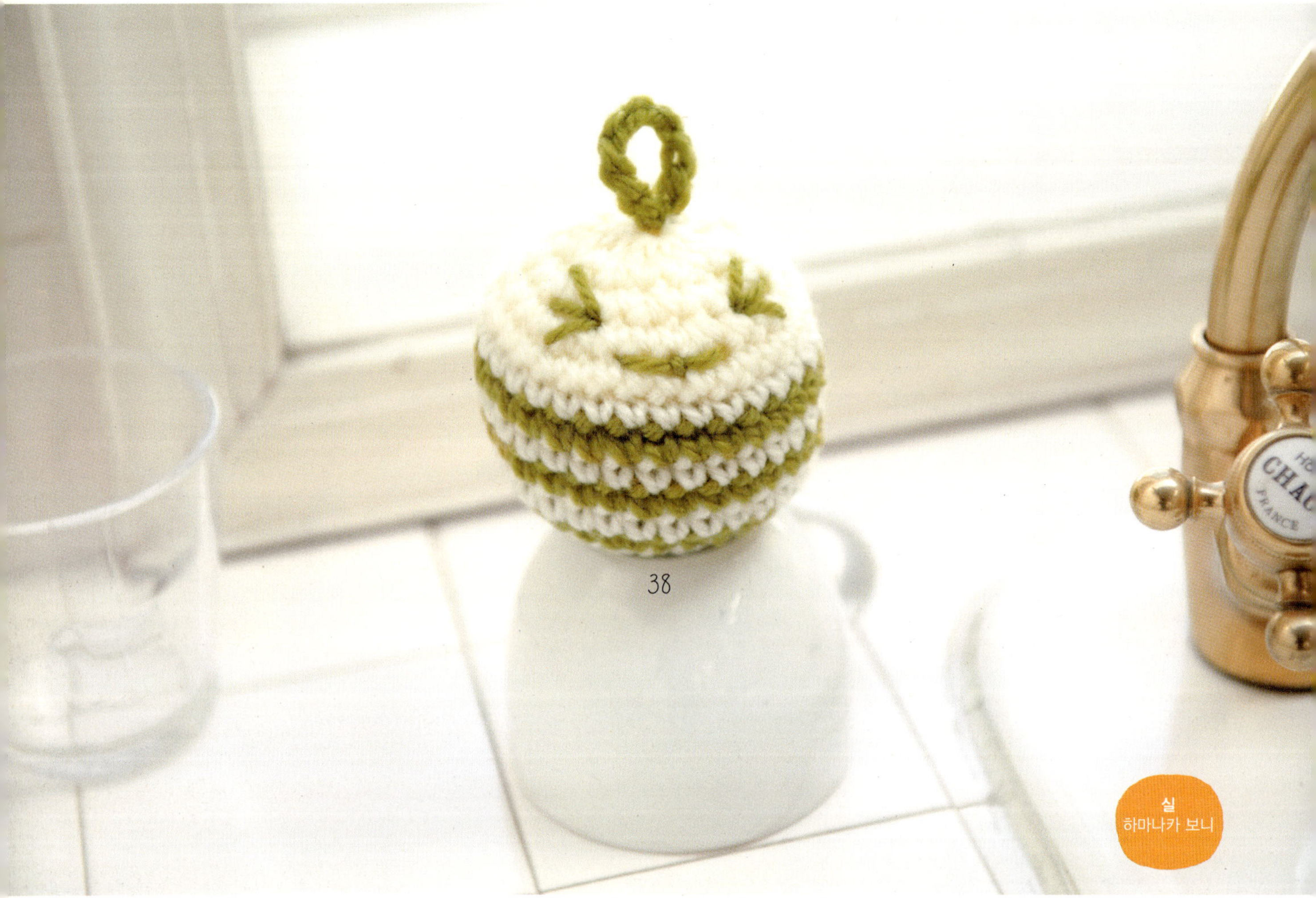
38

실
하마나카 보니

동글 수세미

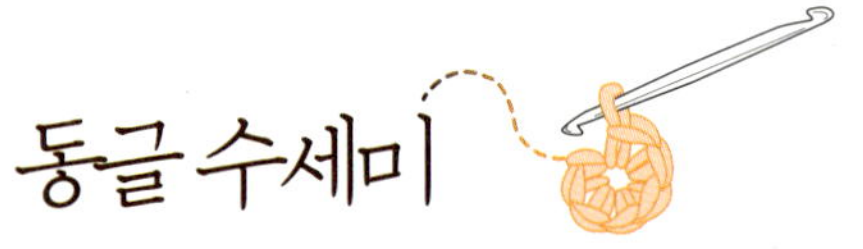

표정이 귀여운 동글동글 수세미는
안에 자투리 실을 채워서 만들어요.
고리를 달아 손에 잡고 쓰기 편해요.

컵 세척용 솔 

깜찍한 표정의 청소 친구들. 작품 39와 40은 칫솔을 이용해서
만든 솔이에요. 컵 안을 닦을 때 아주 편리하지요.

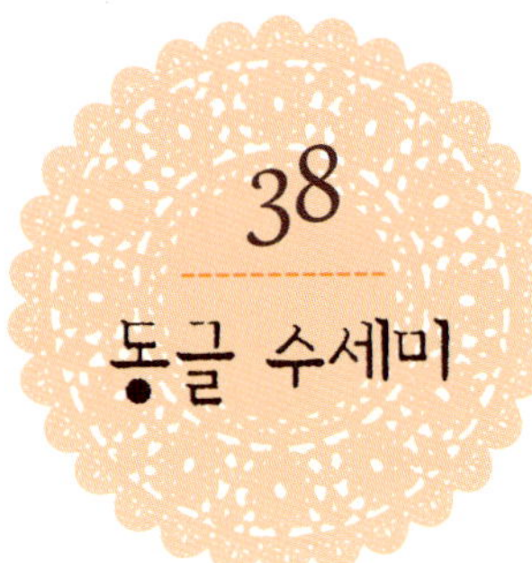

38 동글 수세미

★ **실** 하마나카 보니 올리브그린(493) 8g · 아이보리(442) 25g
★ **바늘** 코바늘 7.5/0호
★ **완성치수** 그림참조

배색	
a색	올리브그린
b색	아이보리

	단	콧수	
	14	12코	
	13	18코	매단 6코 줄임
	12	24코	
	11	30코	
	10		증감 없이
♥ 2회 반복한다	9		
	8		
	7		
	6	30코	
♥ a색	5	30코	매단 6코 늘림
♥ b색	4	24코	
a색	3	18코	
	2	12코	
	1단	링 안에 6코	

본판

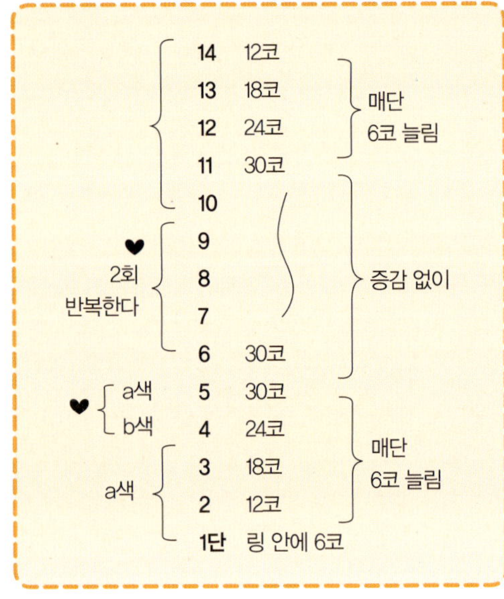

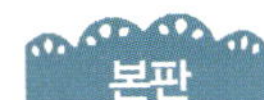

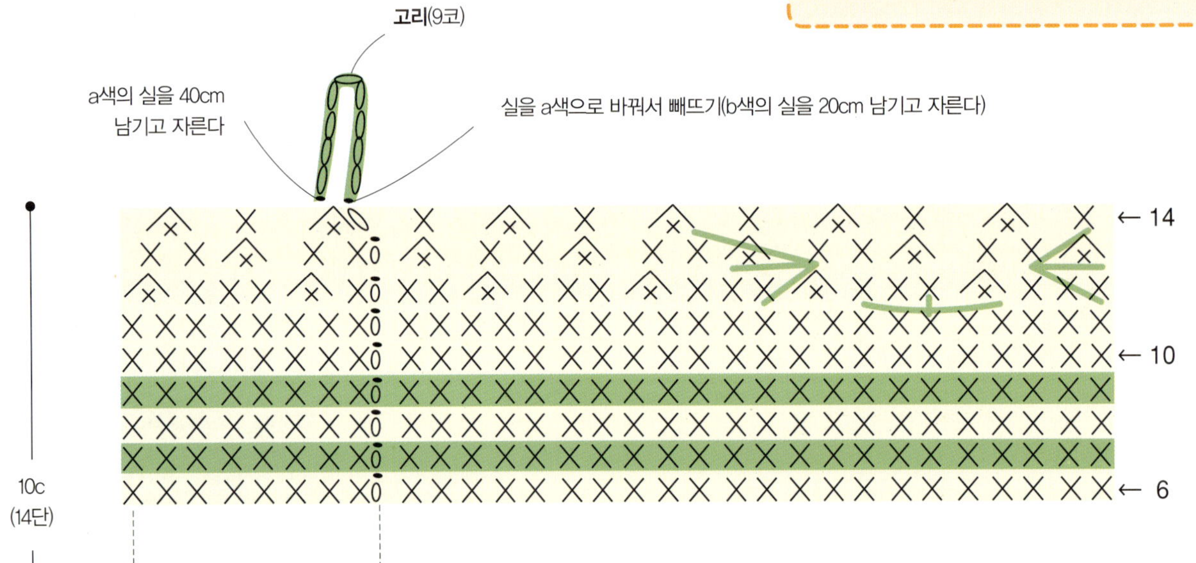

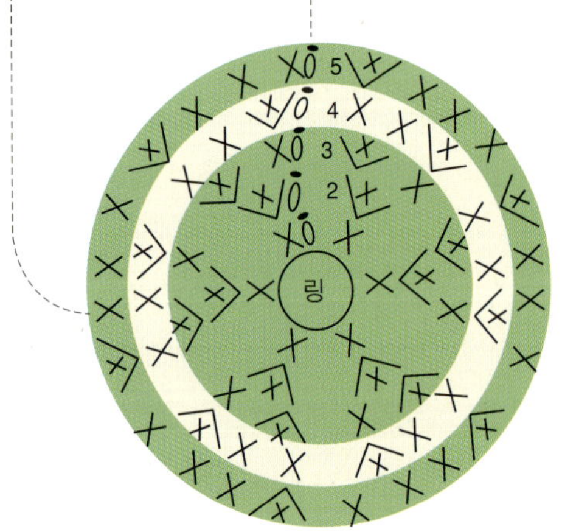

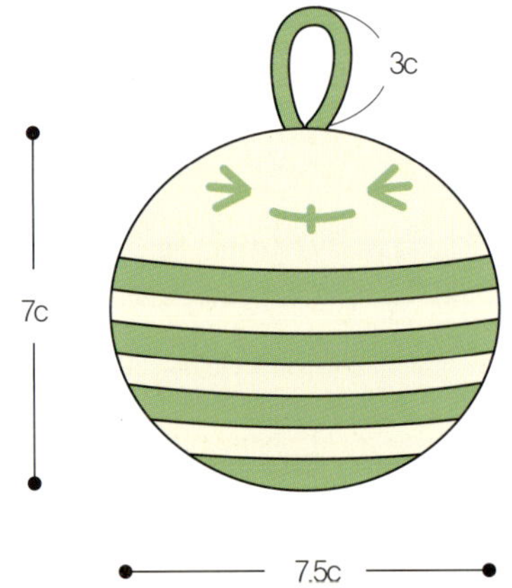

1 a색의 실을 손에 건 다음 화살표처럼 앞쪽에서 뒤쪽으로 바늘을 움직여 고리를 만든다.

2 고리가 생긴 모습. 고리의 교차점을 왼손의 엄지와 중지로 누른다.

3 바늘에 실을 걸어 고리 속으로 끌어낸다.

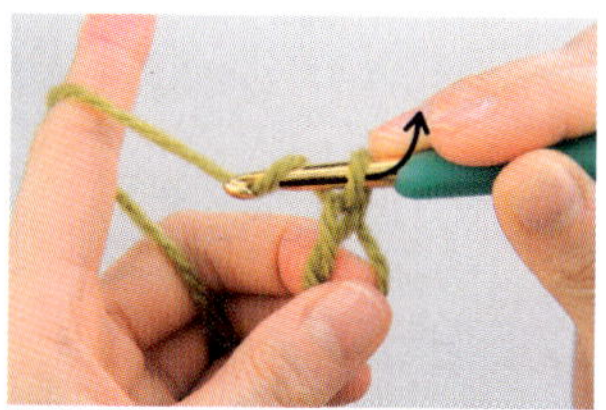

4 사슬을 뜬다. 바늘에 실을 건 다음 화살표처럼 끌어낸다.

5 기둥 1코를 뜬 모습.

6 고리 속에 바늘을 넣은 다음 실을 걸어서 화살표처럼 끌어낸다.

7 바늘에 실을 걸어 화살표처럼 2코를 한꺼번에 빼낸다.

8 짧은뜨기를 1코 뜬 모습.

9 같은 방법으로 짧은뜨기를 고리 속에 5코 더 떠 넣는다. 실 끝을 잡아당겨서 중앙의 고리를 조인다.

10 빼뜨기를 한다. 화살표처럼 첫번째 코의 짧은뜨기 머리에 바늘을 넣는다.

11 바늘에 실을 걸어 화살표처럼 한꺼번에 빼낸다.

12 첫번째 단 완성.

13 기둥 1코를 뜬 다음 이전 단의 짧은뜨기 머리에 바늘을 넣어 짧은뜨기를 1코 뜬다.

14 같은 코에 한 번 더 짧은뜨기를 1코 뜬다. 짧은뜨기를 2코 떠 넣은 모습.

15 같은 방법으로 이전 단의 1코에 짧은뜨기를 2코씩 떠 넣어간다. 마지막은 첫번째 단과 같은 방법으로 첫 번째 코의 짧은뜨기 머리에 빼뜨기를 한다.

16 계속해서 뜨개도안을 보면서 세 번째 단의 빼뜨기 앞까지 뜬다.

17 세 번째 단의 머리에 바늘을 넣은 다음 a색의 실을 바늘의 앞쪽에서 뒤쪽으로 건다.

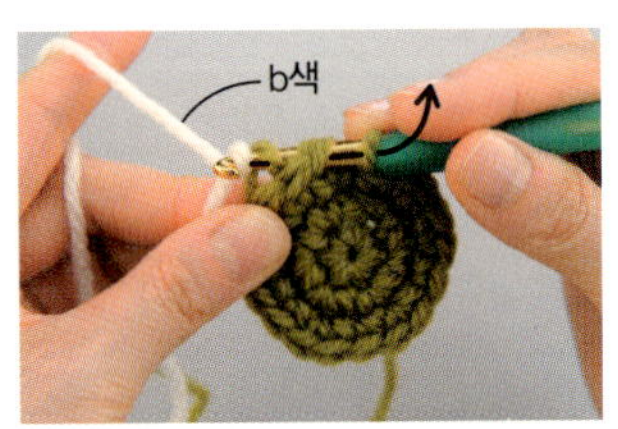

18 한 번 더 바늘에 b색의 실을 건 다음 화살표처럼 한꺼번에 빼낸다.

19 빼낸 모습. a색은 쉬어둔 상태에서 b색으로 떠 나간다.

20 기둥 1코를 뜬다.

21 뜨개도안처럼 코를 늘리면서 네 번째 단을 뜬다.

22 네 번째 단의 빼뜨기 앞까지 뜬 다음 17과 같은 방법으로 머리의 코에 바늘을 넣어 b색의 실을 바늘의 앞쪽에서 뒤쪽으로 건다.

23 쉬어두었던 a색을 바늘에 걸어 화살표처럼 한꺼번에 빼낸다.

24 빼낸 모습.

25 뜨개도안처럼 실을 바꾸면서 11번째 단까지 뜬다.

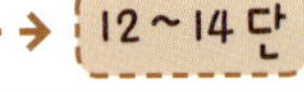

26 12번째 단을 뜬다. 기둥 1코와 짧은뜨기 1코를 뜬 다음 두 번째 코의 머리에 바늘을 넣고, 실을 걸어서 끌어낸다.

27 계속해서 옆에 있는 세 번째 코에 바늘을 넣은 다음 실을 걸어서 끌어낸다.

28 바늘에 실을 걸어 화살표처럼 모든 코를 한꺼번에 빼낸다.

29 짧은뜨기 2코 모아뜨기 완성.

30 뜨개도안처럼 코를 줄이면서 마지막 단의 빼뜨기 앞까지 뜬다.

31 17~19를 참조하여 a색으로 색을 바꾼 다음 빼뜨기를 하고 사슬을 9코 뜬다.

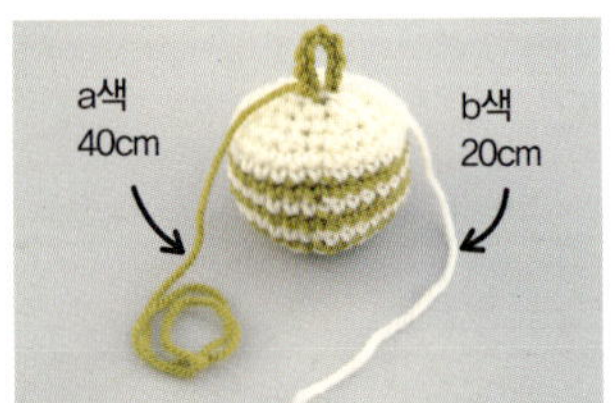

32 사슬을 다 뜨고 나면 31에서 빼뜨기를 한 코에 다시 한 번 빼뜨기를 해서 고리를 만든다. a색은 40cm, b색은 20cm 남기고 자른다.

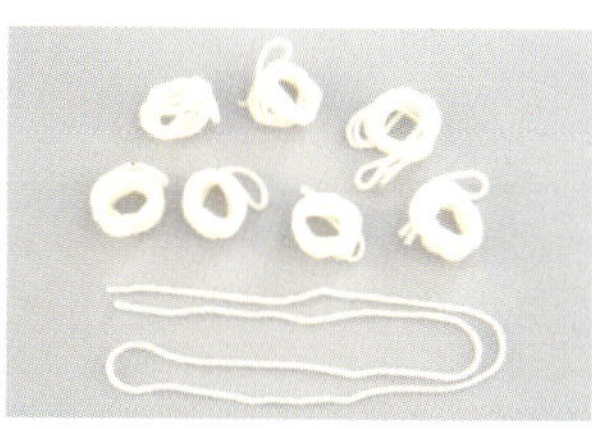

33 b색의 실 1m를 17개 잘라서 사진처럼 뭉친다.

34 33에서 뭉친 실을 본판에 채워넣는다.

35 b색의 실(알기 쉽도록 색을 바꿨다)을 돗바늘에 끼운 다음 본판 마지막 단의 머리 바깥쪽 반코에 실을 끼운다.

36 같은 방법으로 마지막 단의 모든 코에 실을 1바퀴 끼운다.

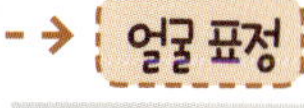

37 끼운 실을 잡아당겨서 꼭대기를 조인 다음 매듭을 짓고 남은 실은 처리한다.

38 a색의 실을 돗바늘에 끼운 다음 꼭대기의 중앙에 실을 한 번 찔러넣고, ☆에서 빼내어 1에 넣는다.

39 ☆에서 빼내어 2에 넣는다.

40 다시 한 번 ☆에서 빼내어 3에 넣는다. 스트레이트 스티치로 한쪽 눈을 완성한 모습. 이 상태에서 ★에서 실을 빼낸다.

41 1에 바늘을 넣어 2에서 빼낸다.

42 3에 바늘을 넣어 입의 플라이스티치를 완성한 모습.

43 다른 한쪽 눈도 같은 방법으로 ★에서 바늘을 빼내어 스트레이트스티치를 한다.

44 완성.

★ **실** 하마나카 보니 39 연오렌지(406) 6g · 오렌지(434) 4g

  40 베이비핑크(405) 9g · 로즈핑크(474) 6g

★ **도구** 코바늘 7.5/0호

★ **기타 재료** 칫솔 1개

★ **완성치수** 39 길이 7.5cm, 40 길이 10.5cm

뜨는 방법

❶ 본판은 원형뜨기 시작코를 만든 다음 도안처럼 실을 바꿔서 뜹니다.

❷ 귀는 도안처럼 사슬로 본판에 떠서 답니다.

❸ 얼굴을 수놓습니다.

❹ 실과 칫솔을 안으로 넣은 다음 마지막 단을 조입니다.

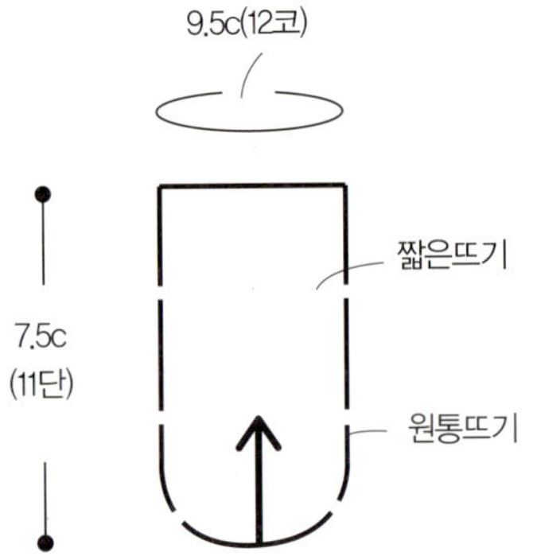

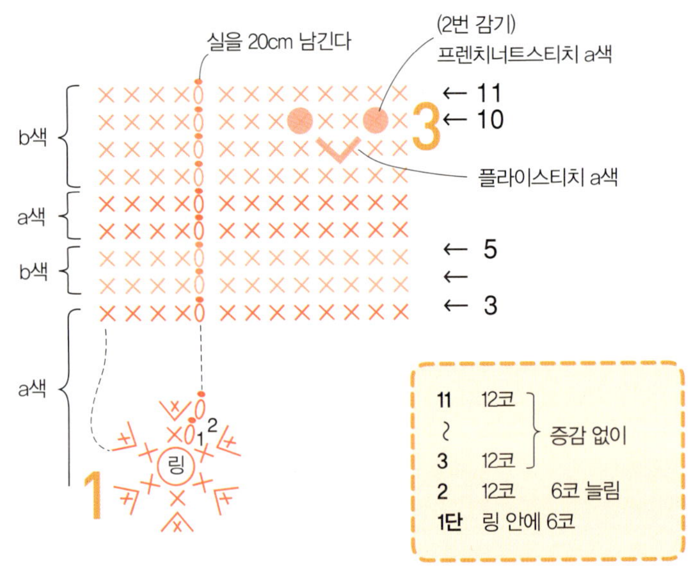

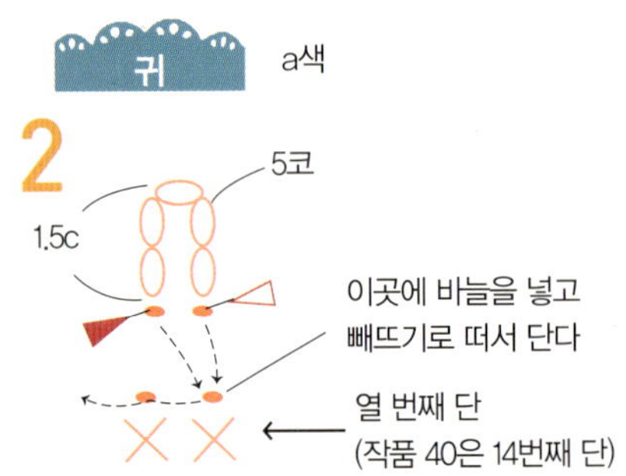

배색		
	39	40
a색	오렌지	로즈핑크
b색	연오렌지	베이비핑크

40 본판

7.5/0호 코바늘

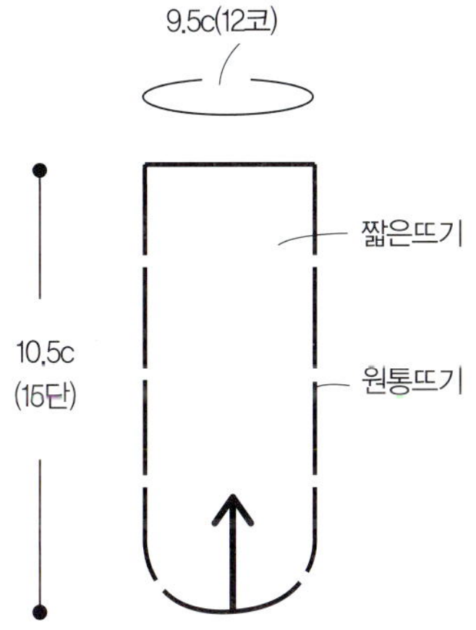

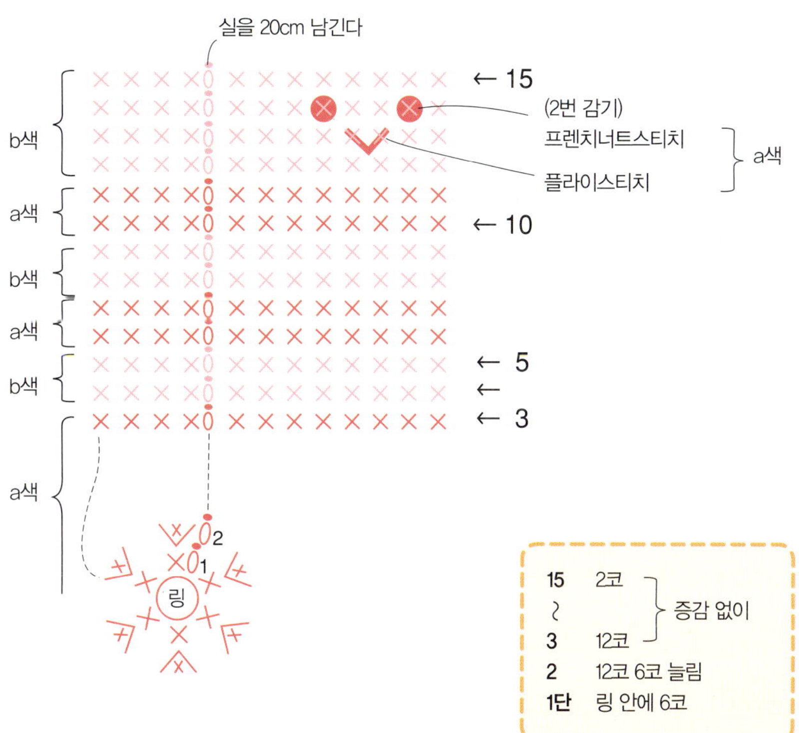

15	2코	
~		증감 없이
3	12코	
2	12코 6코 늘림	
1단	링 안에 6코	

39 마무리

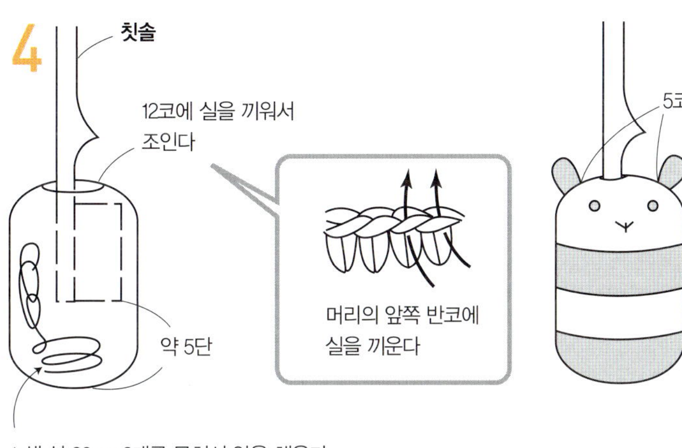

b색 실 60cm 2개를 뭉쳐서 안을 채운다
(69페이지 참조)

40 마무리

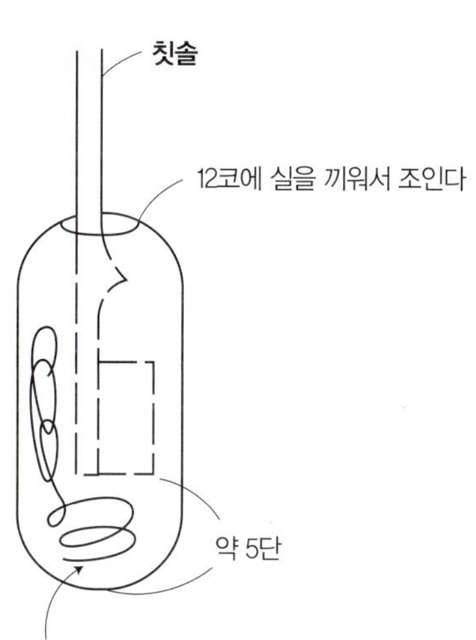

a색 실 60cm 7개를 뭉쳐서 안을 채운다

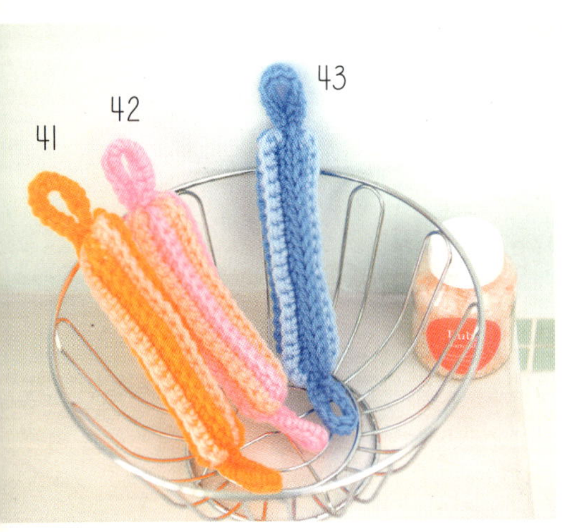

41 42 43

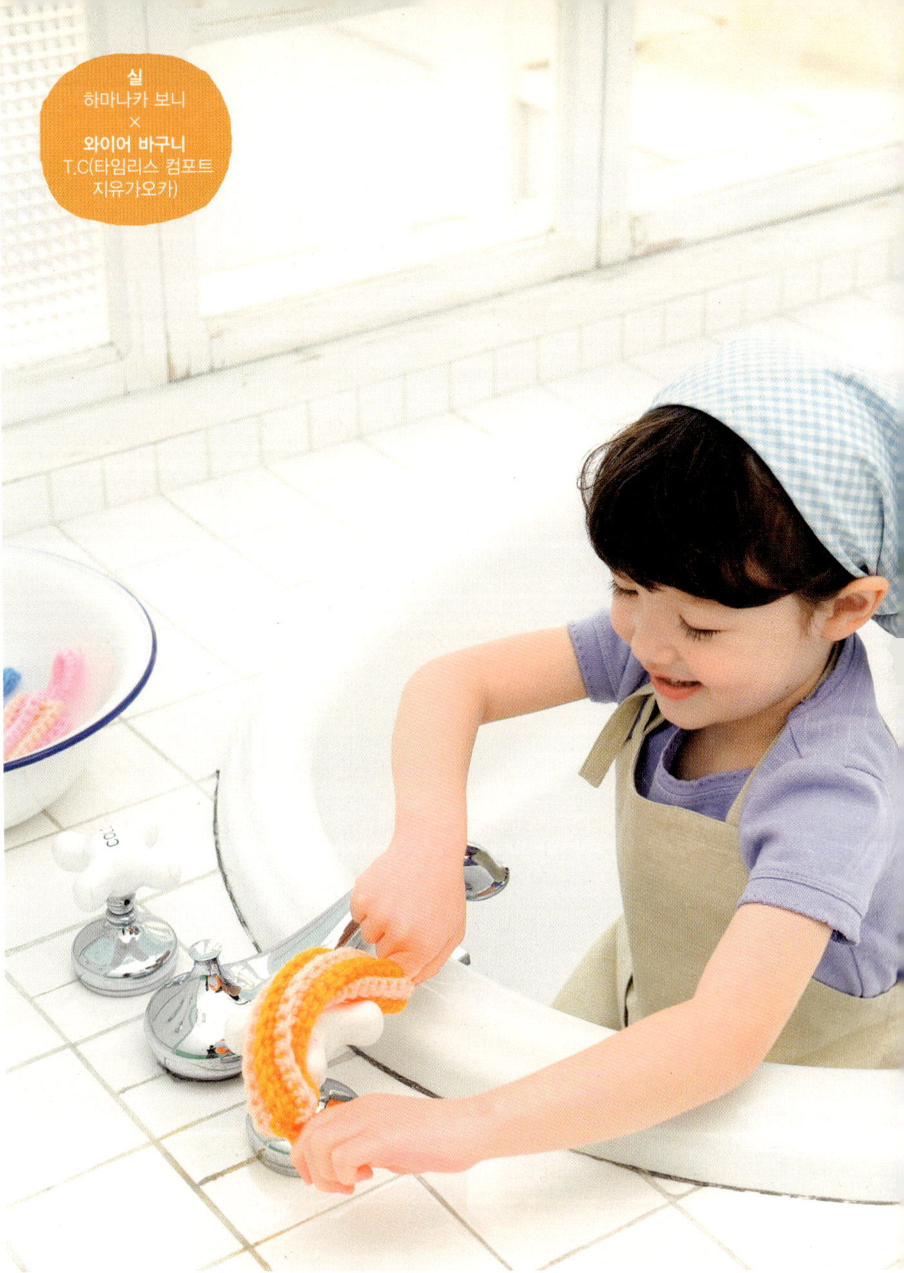

수도꼭지용 수세미

스트라이프 배색으로 산뜻함이 돋보이는 가늘고 긴 청소 수세미예요.
양쪽에 고리를 달아놓아 수도꼭지같이 좁아
손으로 구석구석 닦기 어려운 데 활용하면 좋아요.
아이도 즐겁게 청소를 도울 거예요.

44

46

45

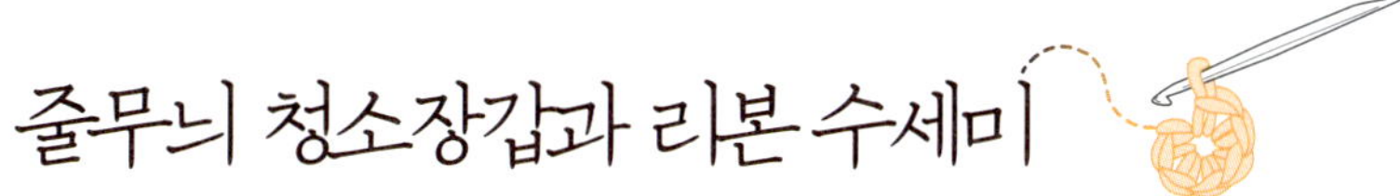

줄무늬 청소장갑과 리본 수세미

줄무늬의 배색이 차분하면서도
귀여운 느낌을 주는 청소장갑과 리본 수세미입니다.
두 수세미 모두 욕조 청소에 좋아요.

★ **실** 하마나카 보니 **41** 금색(433) 8g · 연오렌지(497) 5g

　　　　 42 분홍색(479) 8g · 연오렌지(497) 6g

　　　　 43 담청색(487) 9g · 베이비블루(439) 7g

★ **바늘** 코바늘 7.5/0호

★ **완성치수** 23cm×3.5cm

★ **게이지** 12.5코, 15단(이랑뜨기)

뜨는 방법

❶ 본판은 사슬뜨기 시작코를 만든 다음 짧은뜨기의 이랑뜨기로 도안처럼
　실을 바꿔서 뜹니다.

❷ 양옆에 새로 실을 이어 고리를 도안처럼 뜹니다.

❸ 뜨기 시작 부분과 뜨기 끝부분을 감침질로 꿰맵니다.

배색		
	41	42	43
a색	금색	분홍색	담청색
b색	연오렌지	연오렌지	베이비블루

7.5/0호 코바늘

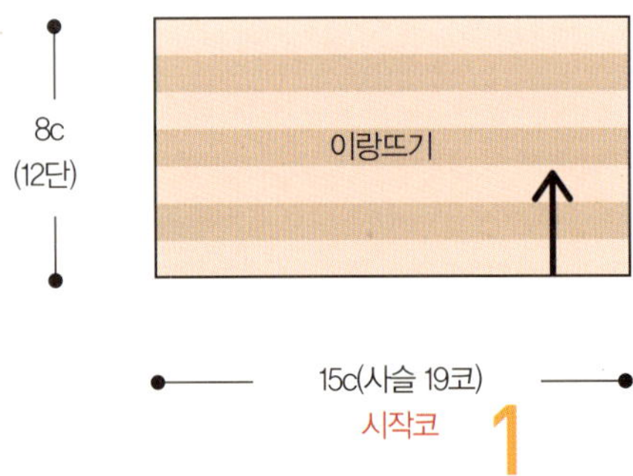

※ 첫 번째 단 = 사슬의 뒷산에 넣어뜬다

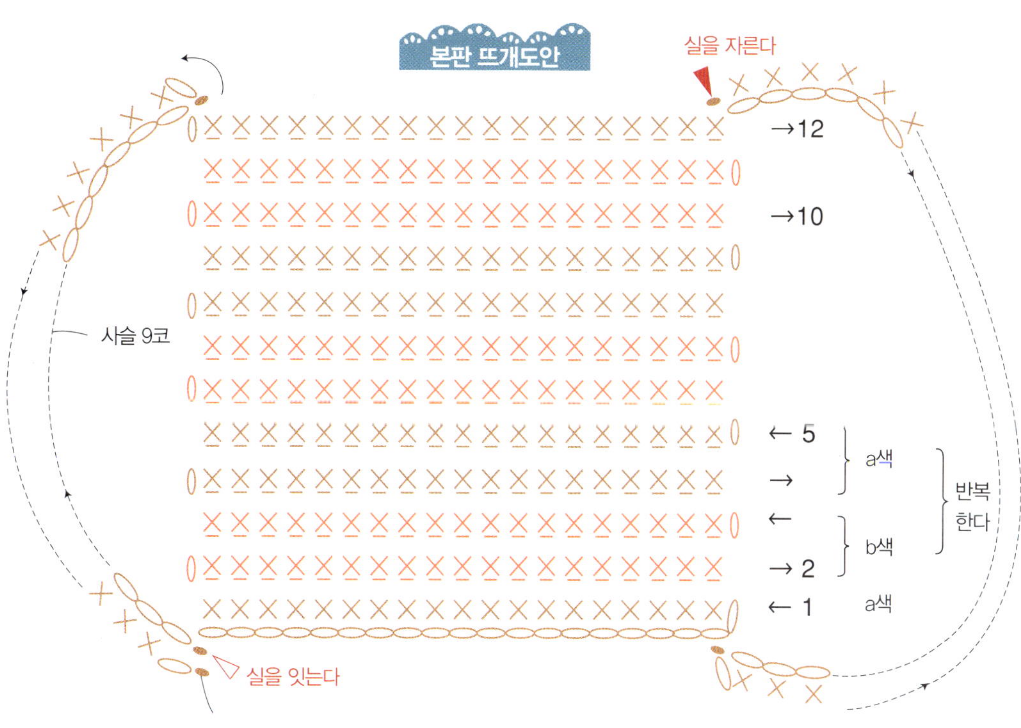

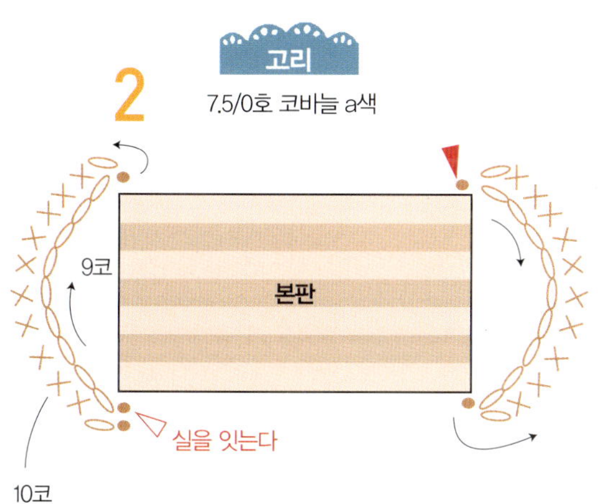

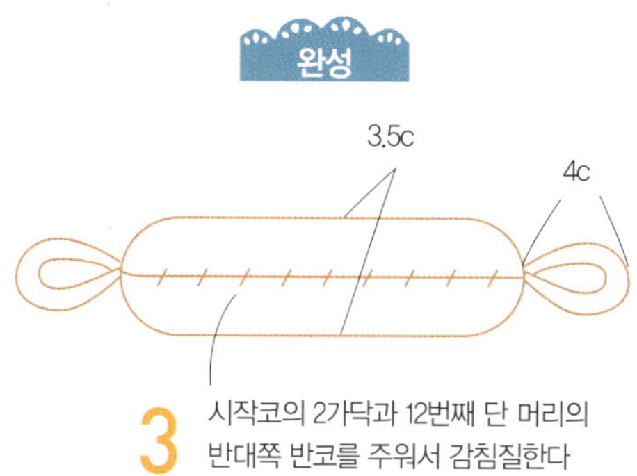

★ **실** 하마나카 보니 아이보리(442) 17g · 담청색(487) 16g · 밝은 회색(486) 15g

★ **바늘** 코바늘 7.5/0호

★ **완성치수** 길이 21.5cm, 손바닥 둘레 22.5cm

★ **게이지** 12.5코, 15단(이랑뜨기)

뜨는 방법

❶ 본판은 사슬뜨기로 원형코를 만든 다음 이랑뜨기로 도안처럼 도중에 엄지손가락 구멍을 만들면서 뜹니다.

❷ 손목 쪽에 가장자리뜨기와 고리를 뜹니다.

❸ 엄지는 본판의 도안 위치에 새로 실을 이어 뜹니다.

❹ 본판의 뜨기 끝부분을 감침질로 꿰매고, 엄지는 조입니다.

배색	
a색	담청색
b색	밝은 회색
c색	아이보리색

7.5/0호 코바늘

7.5/0호 코바늘
짧은뜨기 c색   3

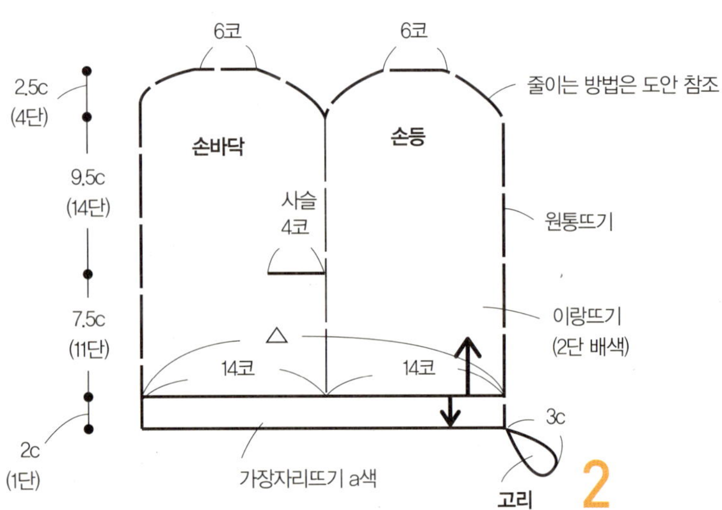

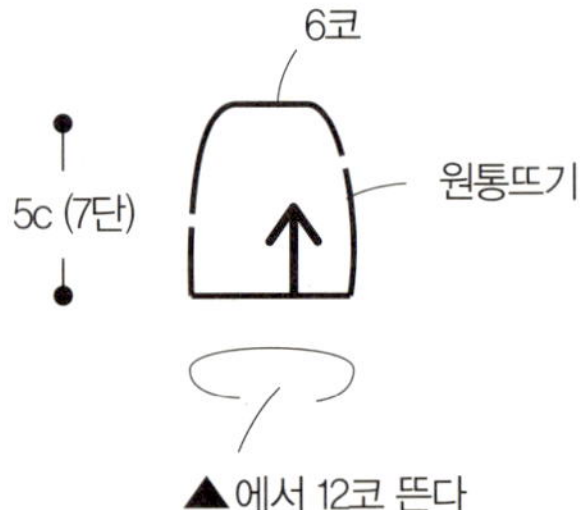

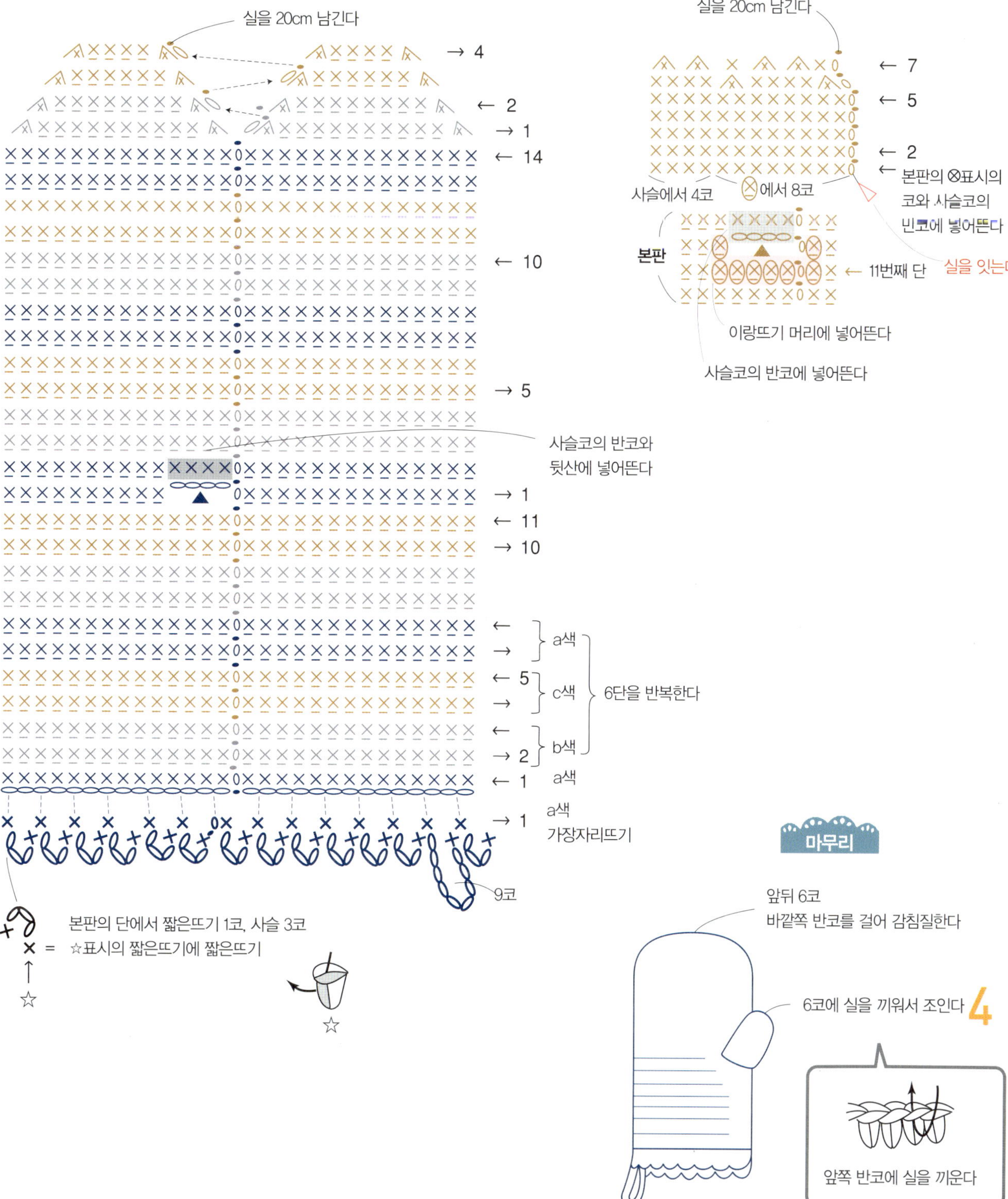

본판 뜨개도안
실을 20cm 남긴다
→ 4
← 2
→ 1
← 14
← 10
→ 5
사슬코의 반코와
뒷산에 넣어뜬다
→ 1
← 11
→ 10
← a색
→
5 c색
→ 2 b색
← 1 a색
6단을 반복한다
→ 1 a색
가장자리뜨기
9코
본판의 단에서 짧은뜨기 1코, 사슬 3코
× = ☆표시의 짧은뜨기에 짧은뜨기
☆
☆

엄지 뜨개도안
실을 20cm 남긴다
← 7
← 5
← 2
본판의 ⊗표시의
코와 사슬코의
빈코에 넣어뜬다
사슬에서 4코
에서 8코
실을 잇는다
본판
← 11번째 단
이랑뜨기 머리에 넣어뜬다
사슬코의 반코에 넣어뜬다

마무리
앞뒤 6코
바깥쪽 반코를 걸어 감침질한다
6코에 실을 끼워서 조인다 4
앞쪽 반코에 실을 끼운다

★ **실** 하마나카 보니 45보라색(437) 23g · 라벤더(496) 18g

　　　46로즈핑크(479) 23g · 분홍색(474) 18g

★ **바늘** 코바늘 7.5/0호

★ **완성치수** 18×11cm

★ **게이지** 12.5코, 15단(이랑뜨기)

뜨는 방법

❶ 본판은 사슬뜨기 시작코를 만든 다음 이랑뜨기로 도안처럼 뜹니다.

❷ 벨트는 사슬뜨기로 원형코를 만든 다음 짧은뜨기로 도안처럼 뜹니다.

❸ 본판의 뜨기 시작 부분과 뜨기 끝부분을 감침질로 꿰맨 다음 가장자리뜨기를 뜹니다.

❹ 본판의 중앙에 실을 끼워서 약간 조인 다음 벨트를 끼워서 고정시킵니다.

배색		
	45	46
a색	라벤더	분홍색
b색	보라색	로즈핑크

본판

7.5/0호 코바늘
이랑뜨기 2단 배색

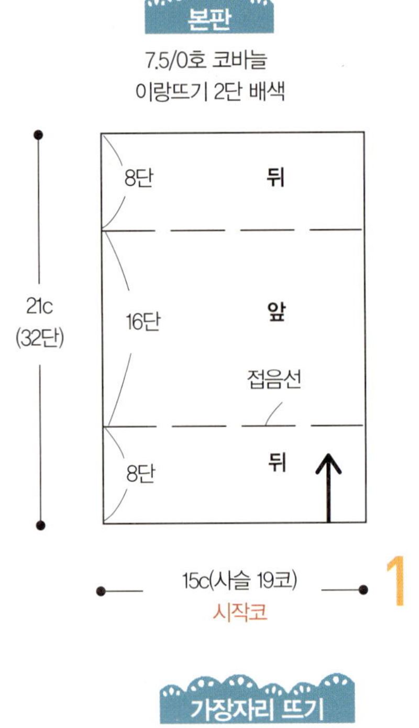

벨트

7.5/0호 코바늘
짧은뜨기 b색

2

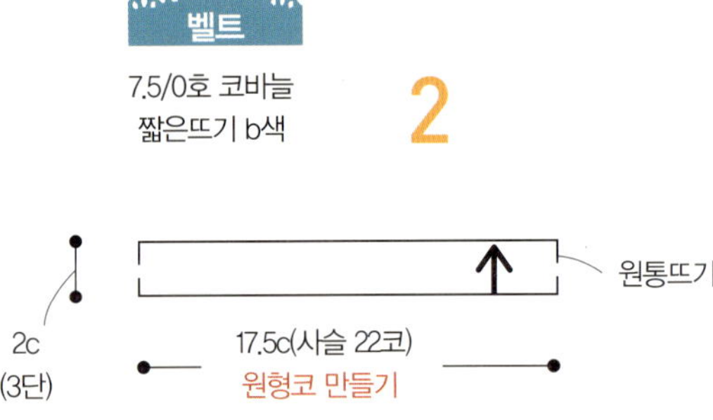

가장자리 뜨기

b색

3

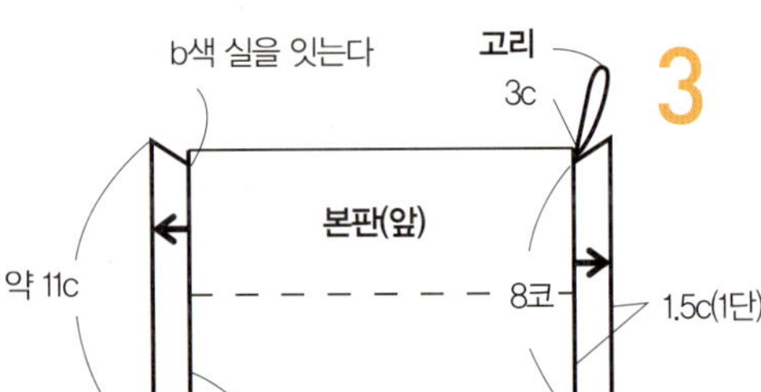

벨트 뜨개도안

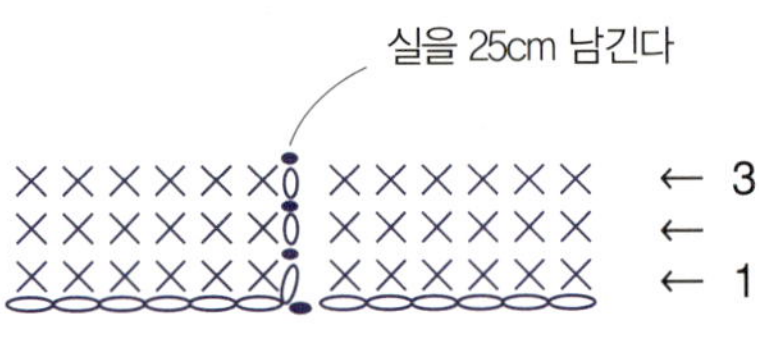

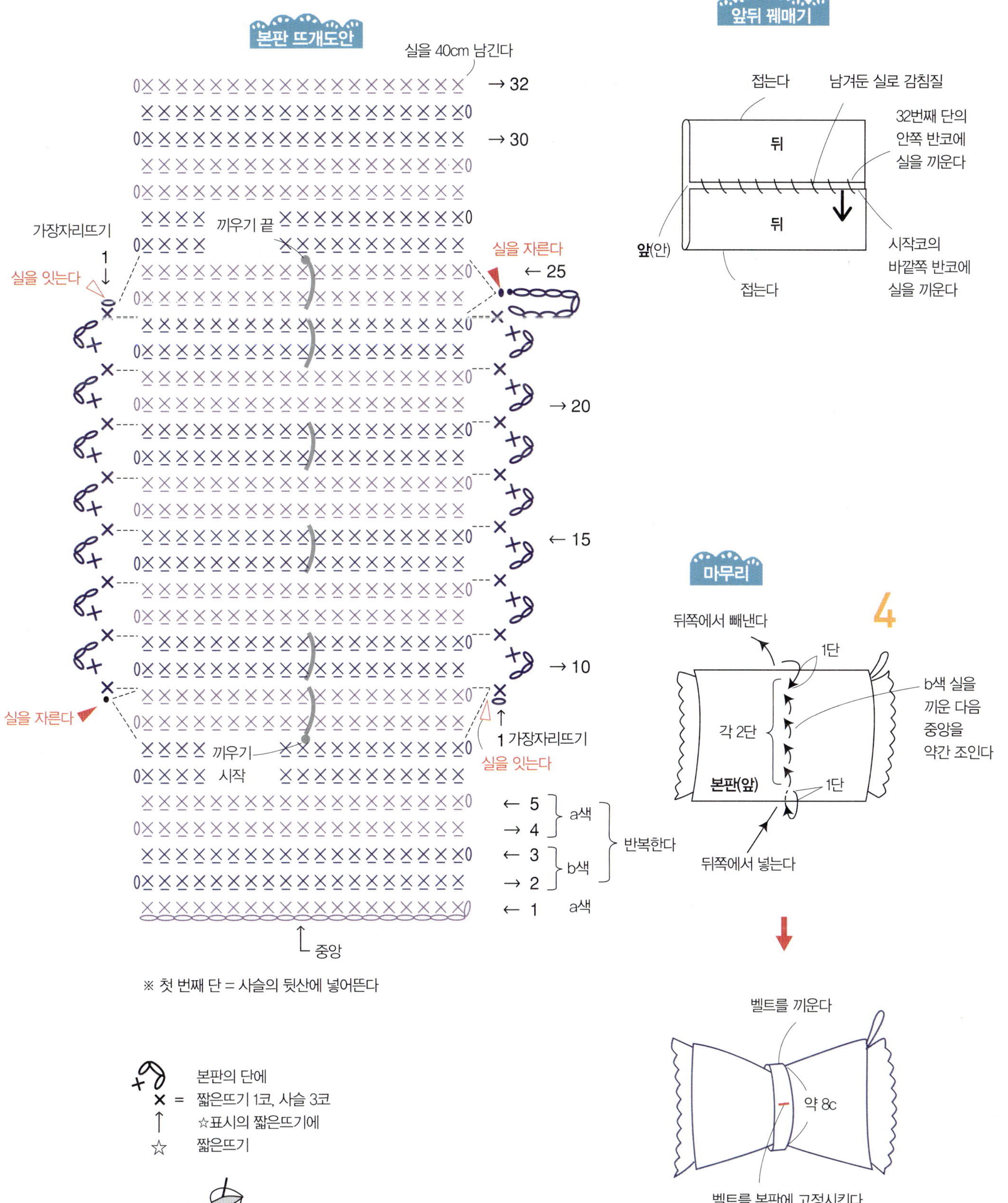
본판 뜨개도안
실을 40cm 남긴다
→ 32
→ 30
가장자리뜨기
실을 잇는다
1
끼우기 끝
실을 자른다
← 25
→ 20
← 15
→ 10
실을 자른다
끼우기
시작
1 가장자리뜨기
실을 잇는다
← 5
→ 4
a색
← 3
→ 2
b색
← 1 a색
반복한다
중앙
※ 첫 번째 단 = 사슬의 뒷산에 넣어뜬다
본판의 단에
× = 짧은뜨기 1코, 사슬 3코
☆표시의 짧은뜨기에
☆ 짧은뜨기
앞뒤 꿰매기
접는다
남겨둔 실로 감침질
32번째 단의 안쪽 반코에 실을 끼운다
뒤
뒤
앞(안)
접는다
시작코의 바깥쪽 반코에 실을 끼운다
마무리
뒤쪽에서 빼낸다
1단
각 2단
본판(앞)
1단
b색 실을 끼운 다음 중앙을 약간 조인다
뒤쪽에서 넣는다
4
벨트를 끼운다
약 8c
벨트를 본판에 고정시킨다

실
하마나카 보니
×
포트 브러시, 타월
비누 케이스
T.C(타임리스 컴포트
지유가오카)

거북솔 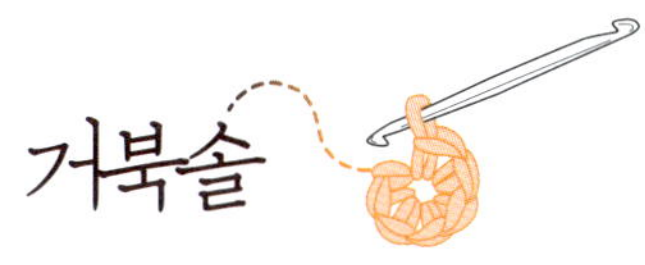

거북이 모양 솔은 배 쪽을 링뜨기로 만들어 힘을 주어 깨끗하게 닦을 수 있어 좋아요.
또 꼬리 쪽에 있는 고리를 이용해 매달아두면 늘 뽀송뽀송한 상태를 유지할 수 있죠.

47
거북솔

★ **실** 하마나카 보니 블루그린(424) 31g · 연두색(476) 10g · 진초록색(426) 5g · 아이보리(442) 3g

★ **바늘** 코바늘 7.5/0호

★ **완성치수** 그림 참조

뜨는 방법

❶ 등딱지는 원형뜨기 시작코를 만든 다음 도안처럼 실을 바꾸면서 뜹니다.

❷ 계속해서 가장자리뜨기를 뜹니다.

❸ 머리는 같은 방법으로 코를 만든 다음 도안처럼 뜹니다.

❹ 배는 원형뜨기 시작코를 만든 다음 두 번째 단에서 링뜨기로 도안처럼 뜨고, 고리를 뜹니다.(링뜨기는 14쪽 참고)

❺ 등딱지와 배를 맞춰서 꿰맨 다음 머리를 답니다.

❻ 얼굴에 수를 놓습니다.

배색	
a색	블루그린
b색	진초록색
c색	연두색
d색	아이보리

등딱지 7.5/0호 코바늘

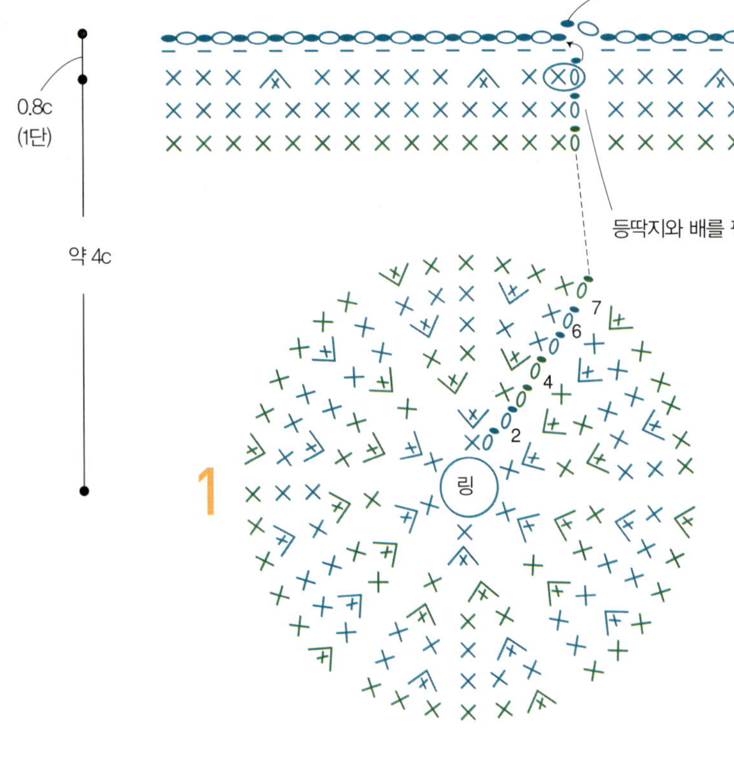

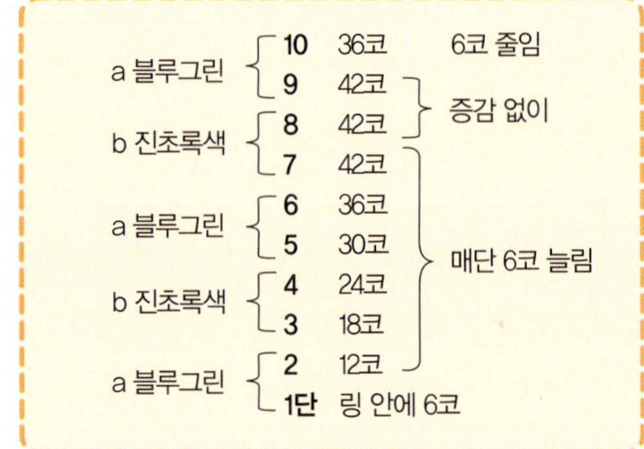

a 블루그린	10	36코	6코 줄임
a 블루그린	9	42코	증감 없이
b 진초록색	8	42코	증감 없이
b 진초록색	7	42코	
a 블루그린	6	36코	
a 블루그린	5	30코	매단 6코 늘림
b 진초록색	4	24코	매단 6코 늘림
b 진초록색	3	18코	
a 블루그린	2	12코	
	1단	링 안에 6코	

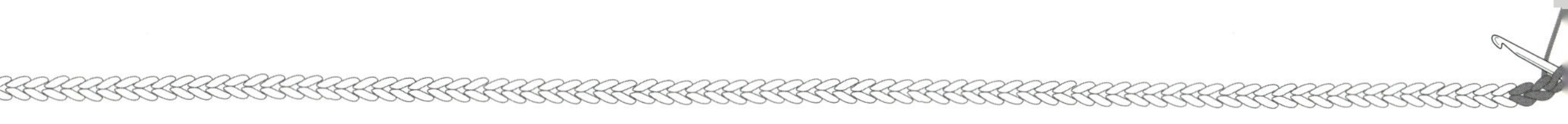

배 4

7.5/0호 코바늘 연두색

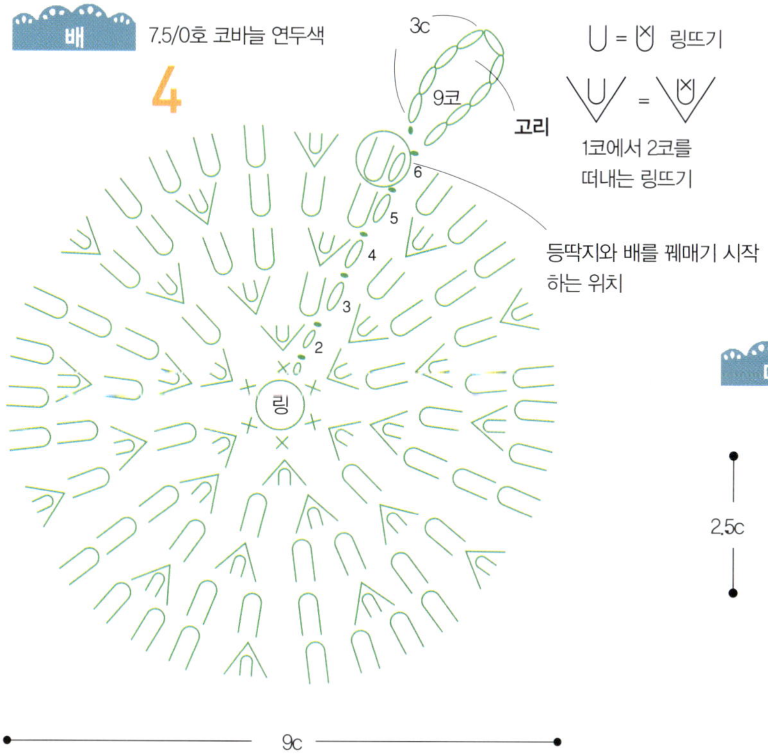

3c
9코
고리
6
5
4
3
2
링
9c
등딱지와 배를 꿰매기 시작
하는 위치
= 링뜨기
=
1코에서 2코를
떠내는 링뜨기

6	36코	매단 6코 늘림
5	30코	
4	24코	
3	18코	
2	12코	
1단	링 안에 6코	

머리 3

7.5/0호 코바늘
아이보리

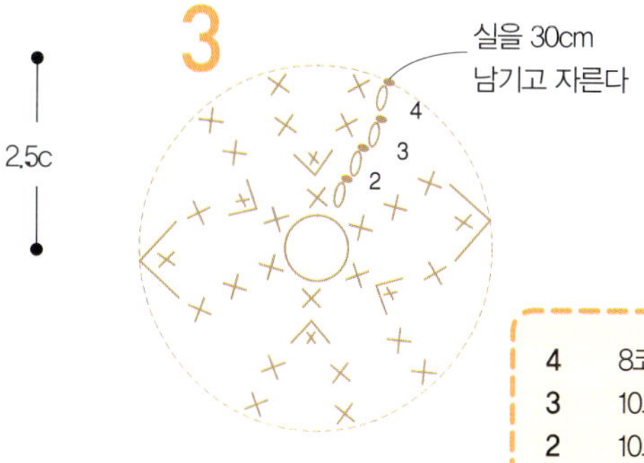

2.5c
실을 30cm
남기고 자른다
4
3
2

4	8코	2코 줄임
3	10코	증감 없이
2	10코	4코 늘림
1단	링 안에 6코	

등딱지와 배 달기 5

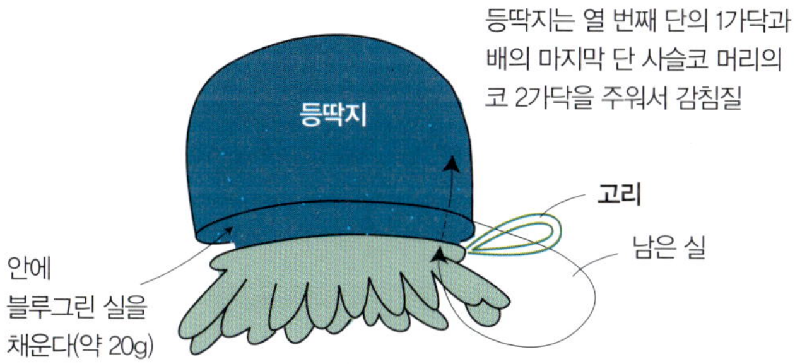

등딱지는 열 번째 단의 1가닥과
배의 마지막 단 사슬코 머리의
코 2가닥을 주워서 감침질
등딱지
고리
남은 실
안에
블루그린 실을
채운다(약 20g)

머리 달기 5

※ 머리는 짧은뜨기의 머리
2가닥을 걸어 꿰맨다

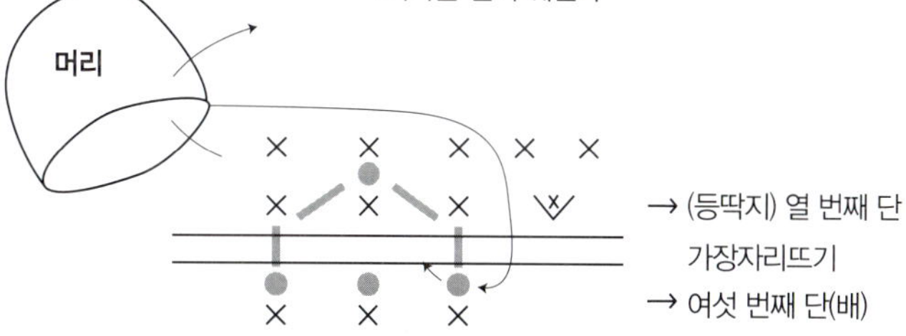

머리
→ (등딱지) 열 번째 단
가장자리뜨기
→ 여섯 번째 단(배)

얼굴 수놓기 6

블루그린 실 1가닥
※ 약 50cm

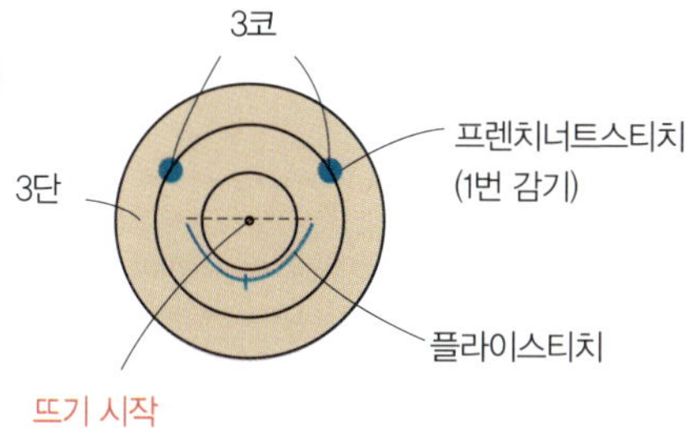

3코
3단
프렌치너트스티치
(1번 감기)
플라이스티치
뜨기 시작

완성

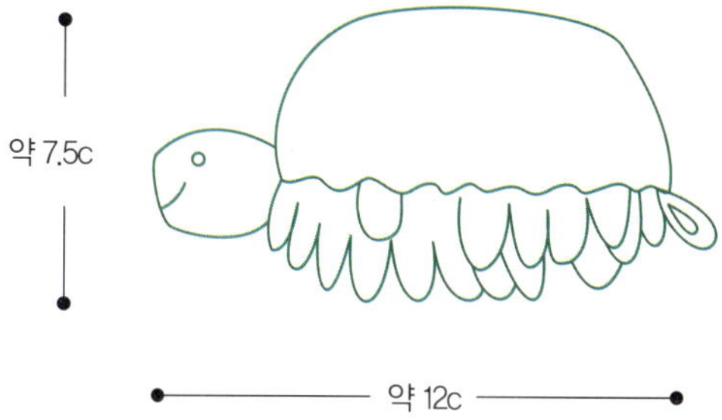

약 7.5c
약 12c

실 하마나카 보니
×
타월
T.C(타임리스
컴포트 지유가오카)
42

펭귄, 백곰 청소 장갑

장갑 스타일로 뜬 펭귄과 백곰 모양 청소도구예요.
엄마와 아이가 나눠 끼고 즐겁게 욕실 청소를 할 수 있지요.
아이와 놀아주는 사이 욕조와 창문이 반짝반짝 빛나기 시작해요.

48
펭귄 청소장갑

★ **실** 하마나카 보니 남색(473) 41g · 아이보리(442) 11g · 로즈핑크(474) 2g · 금갈색(482) 1g

★ **바늘** 코바늘 7.5/0호

★ **완성치수** 길이 18.5cm, 손바닥 둘레 22.5cm

★ **게이지** 12.5코, 14.5단(짧은뜨기)

뜨는 방법

❶ 본판은 사슬뜨기로 원형코를 만든 다음 짧은뜨기로 도안처럼 도중에 엄지손가락 구멍을 만들면서 뜹니다.

❷ 손목 쪽에 가장자리뜨기와 고리를 뜹니다.

❸ 엄지는 본판의 도안 위치에 새로 실을 이어 뜹니다.

❹ 뺨 · 눈은 원형뜨기 시작코를 만든 다음 도안처럼 뜹니다.

❺ 부리 · 배는 사슬뜨기 시작코를 만든 다음 도안처럼 뜹니다.

❻ 본판의 뜨기 끝부분을 감침질로 꿰매고, 엄지는 조입니다.
  (감침질은 17쪽 참고)

❼ 각 부분을 본판에 단 다음 눈을 수놓습니다.

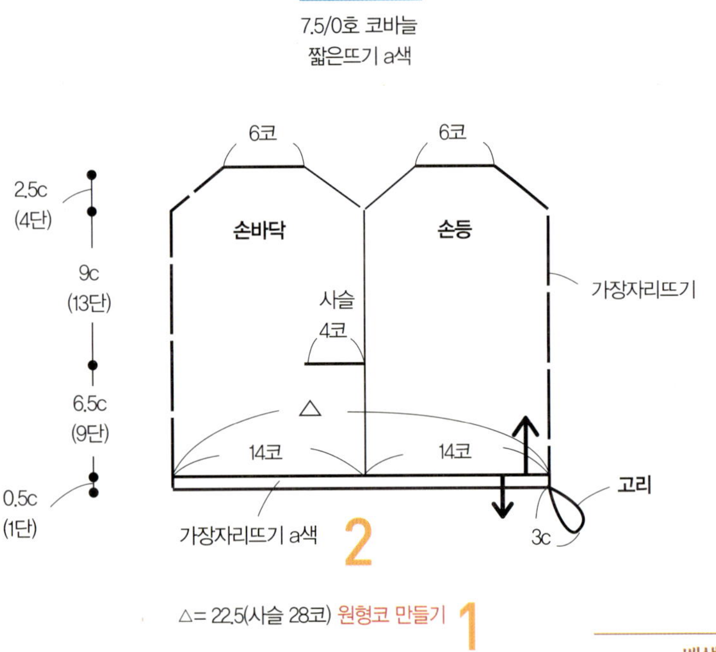

배색	
a색	남색
b색	아이보리
c색	로즈핑크
d색	금갈색

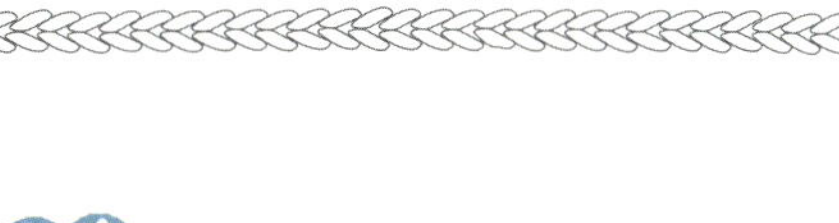

본판 뜨개도안

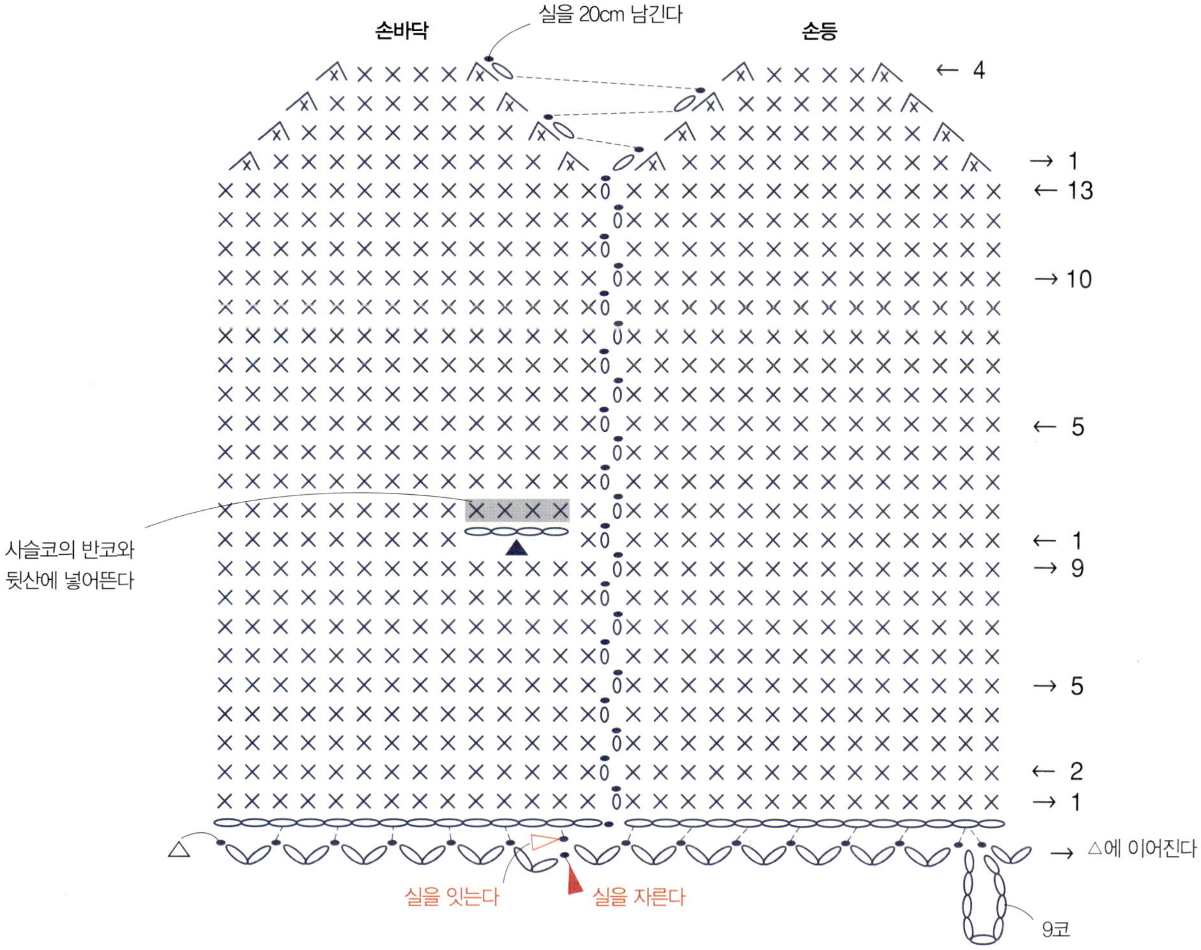

손바닥
실을 20cm 남긴다
손등
← 4
→ 1
← 13
→ 10
← 5
사슬코의 반코와
뒷산에 넣어뜬다
← 1
→ 9
→ 5
← 2
→ 1
△
→ △에 이어진다
실을 잇는다
실을 자른다
9코

※ 첫 번째 단은 사슬의 뒷산에 넣어뜬다

배 5

←14
←10
→ 5
← 2
→ 1
실을 60cm 남긴다

※ 첫 번째 단은 사슬의 뒷산에 넣어뜬다

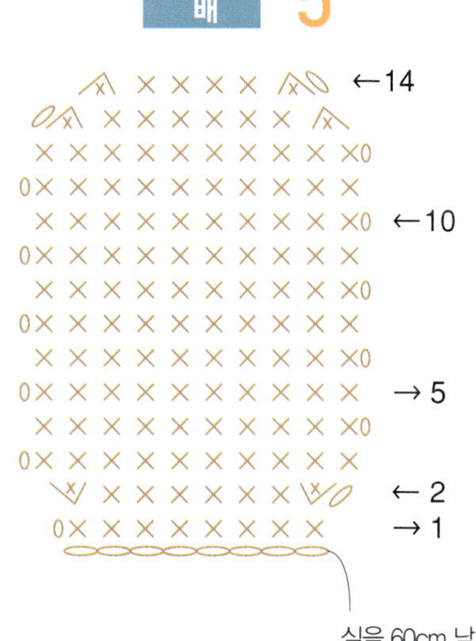

엄지 뜨개도안

실을 20cm 남긴다

← 7
← 5
← 2
← 1 (11코 뜬다)

실을 잇는다

사슬에서 4코   ⊗에서 7코

▲ =

사슬코의 반코에 넣어뜬다
→ 아홉 번째 단

부리 5

d색 7.5/0호 코바늘

실을 30cm 남긴다
← 사슬의 뒷산에 넣어뜬다
→ 시작코의 바깥쪽
  1가닥에 넣어뜬다

3c

4.5c

뜨기 시작
실을 25cm 남긴다

뺨 4

7.5/0호 코바늘
c색 2장

실을 25cm 남긴다

2.8c

링

눈 4

7.5/0호 코바늘
b색 2장

실을 20cm 남긴다

2.2c

링

완성 7

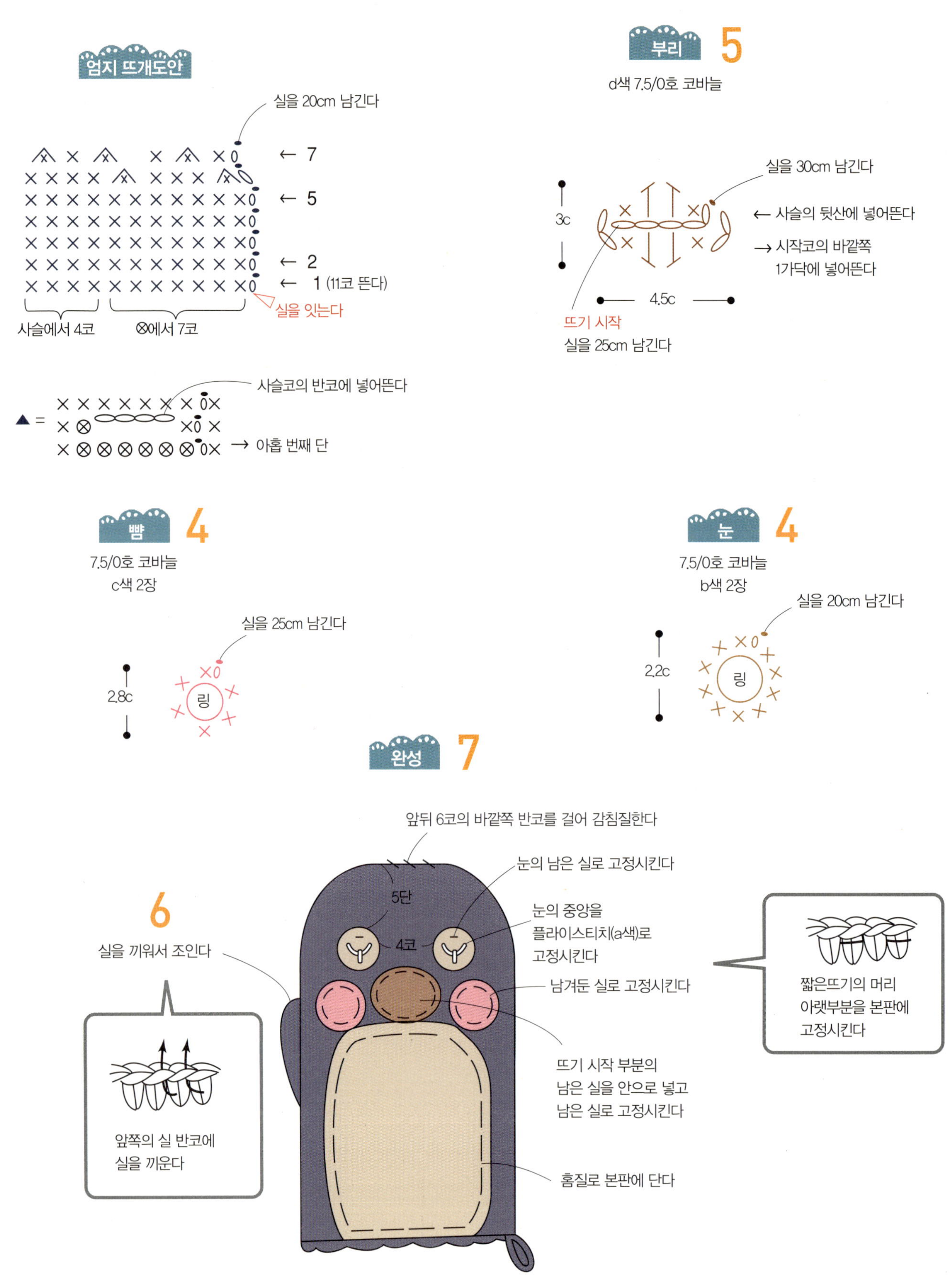

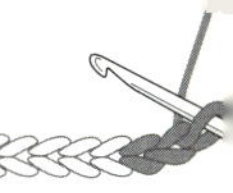

★ **실** 하마나카 보니 아이보리(442) 44g · 베이비블루(439) · 분홍색(479) · 남색(473) 각 2g

★ **바늘** 코바늘 7.5/0호

★ **완성치수** 길이 18.5cm, 손목둘레 22.5cm

★ **게이지** 12.5코, 14.5단(짧은뜨기)

뜨는 방법

❶ 본판은 사슬뜨기로 원형코를 만든 다음 짧은뜨기로 도안처럼 도중에
엄지손가락 구멍을 만들면서 뜹니다.

❷ 손목 쪽에 가장자리뜨기와 고리를 뜹니다.

❸ 엄지는 본판의 도안 위치에 새로 실을 이어 뜹니다.

❹ 귀 · 뺨 · 코는 원형뜨기 시작코를 만든 다음 도안처럼 뜹니다.

❺ 입 주위는 사슬뜨기 시작코를 만든 다음 도안처럼 뜹니다.

❻ 본판의 뜨기 끝부분을 감침질로 꿰매고, 엄지는 조입니다.
(감침질은 17쪽 참고)

❼ 각 부분을 본판에 단 다음 눈을 수놓습니다.

배색	
a색	아이보리
b색	분홍색
c색	베이비블루
d색	남색

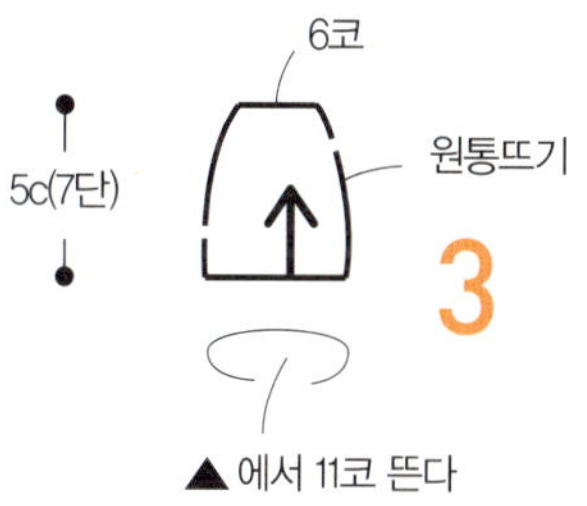

본판 뜨개도안

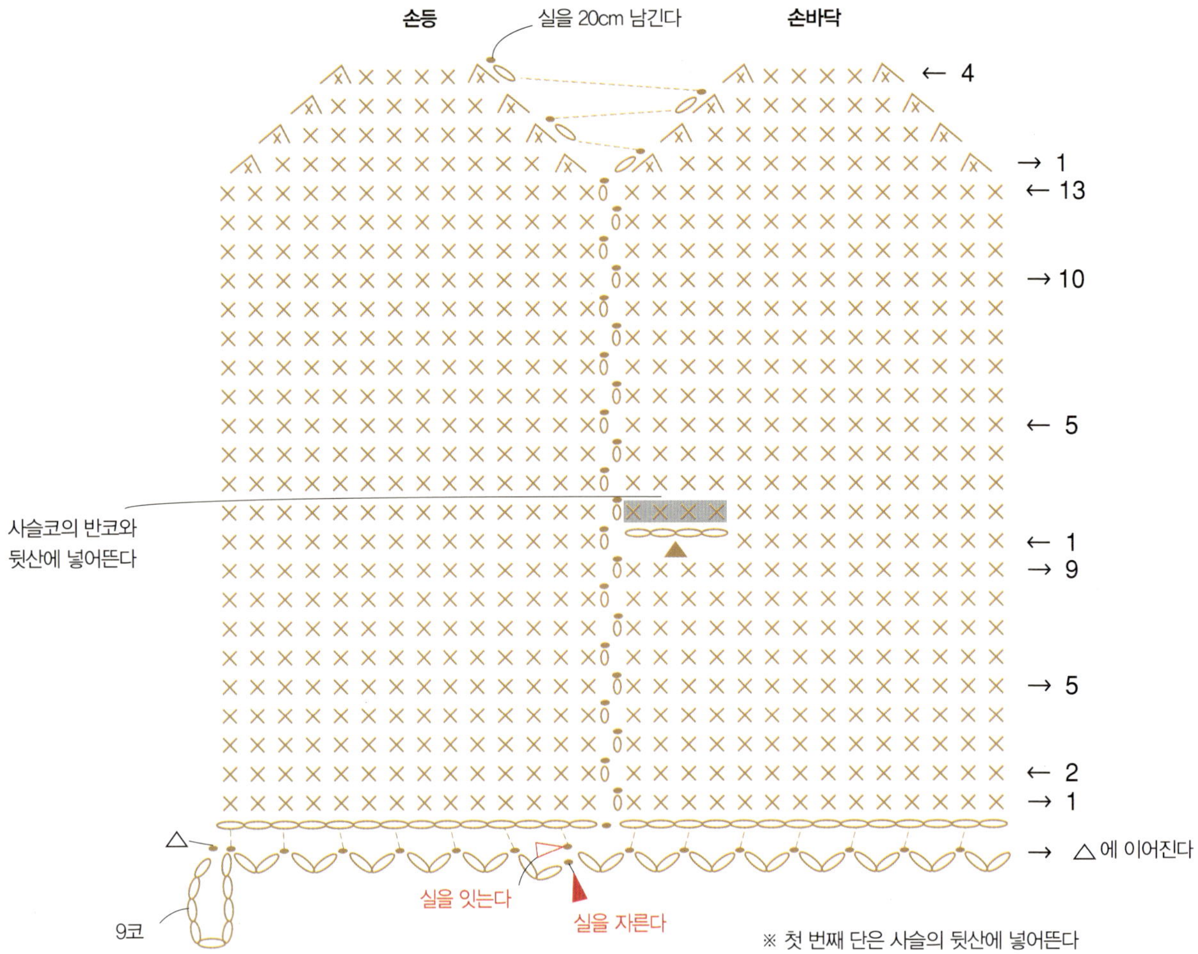

손등　　실을 20cm 남긴다　　손바닥

← 4

→ 1
← 13

→ 10

← 5

사슬코의 반코와
뒷산에 넣어뜬다

← 1
→ 9

→ 5

← 2
→ 1

→　△ 에 이어진다

△

9코　　실을 잇는다　　실을 자른다

※ 첫 번째 단은 사슬의 뒷산에 넣어뜬다

엄지 뜨개도안

실을 20cm 남긴다

← 7

← 5

← 2
← 1 (11코 뜬다)

실을 잇는다

사슬에서 4코　　⊗에서 7코

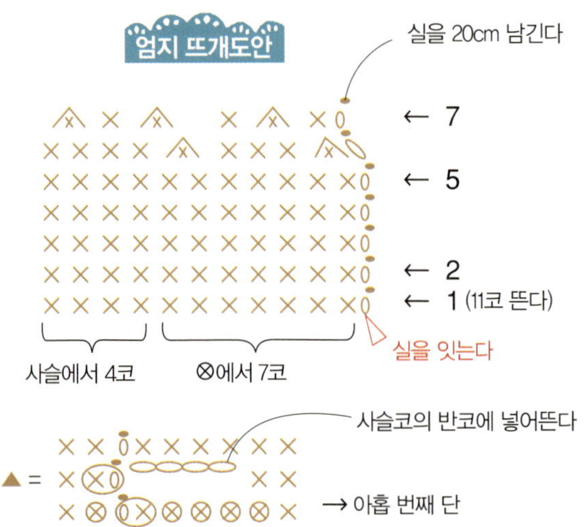

사슬코의 반코에 넣어뜬다

▲ =

→ 아홉 번째 단

귀 4

7.5/0호 코바늘 a색 2장

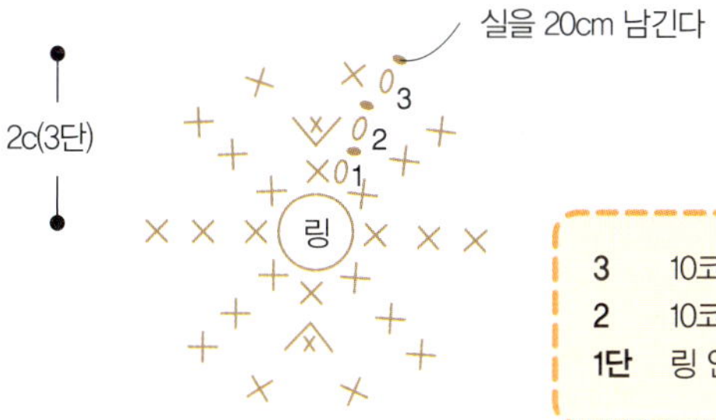

실을 20cm 남긴다
2c(3단)
3
2
1
링

3	10코	증감 없이
2	10코	2코 늘림
1단	링 안에 8코	

빰 4

7.5/0호 코바늘 b색 2장

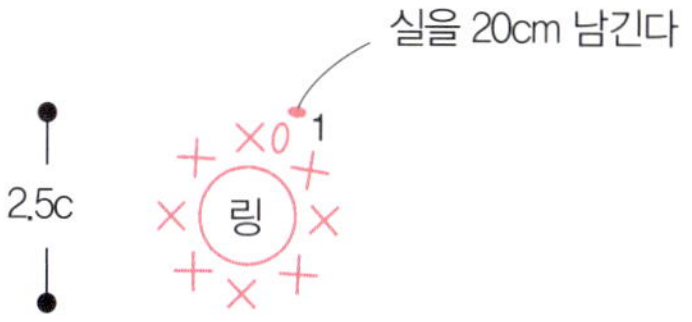

실을 20cm 남긴다
2.5c
1
링

코 4

7.5/0호 코바늘 d색

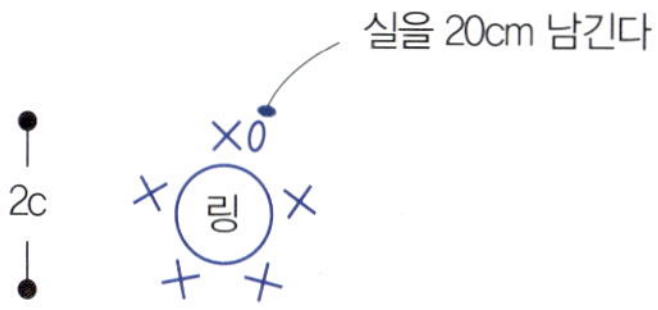

실을 20cm 남긴다
2c
링

입 주위 5

7.5/0호 코바늘 c색

3	20코	4코 늘림
2	16코	8코 늘림
1단	사슬 2코에서 8코 뜬다	

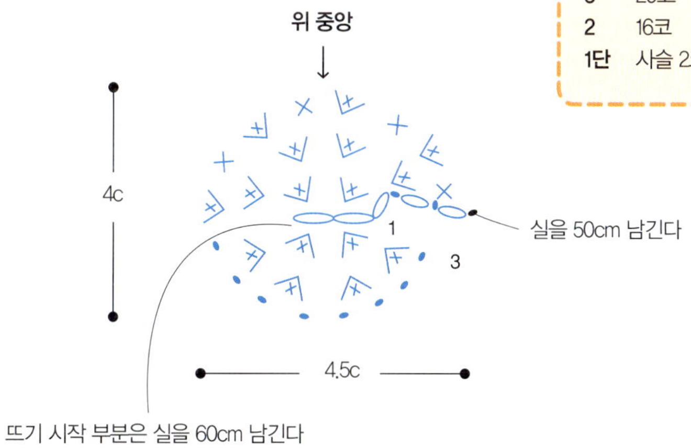

위 중앙
4c
1
3
실을 50cm 남긴다
4.5c
뜨기 시작 부분은 실을 60cm 남긴다

눈

플라이스티치 d색

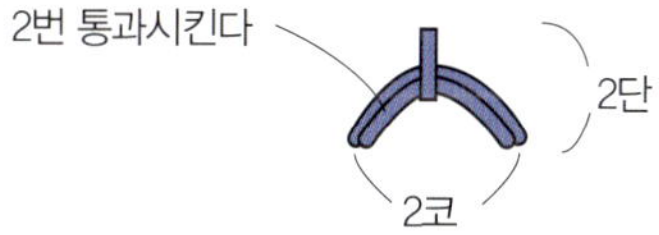

2번 통과시킨다
2단
2코

귀 달기

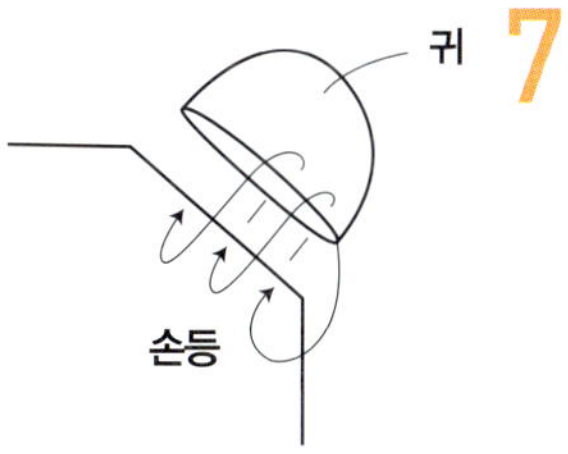

귀 7
손등

귀에서 남은 실을 본판의 손등 쪽으로 넣은 다음 귀의 바깥쪽 1가닥씩을 주워서 감침질한다

완성 7

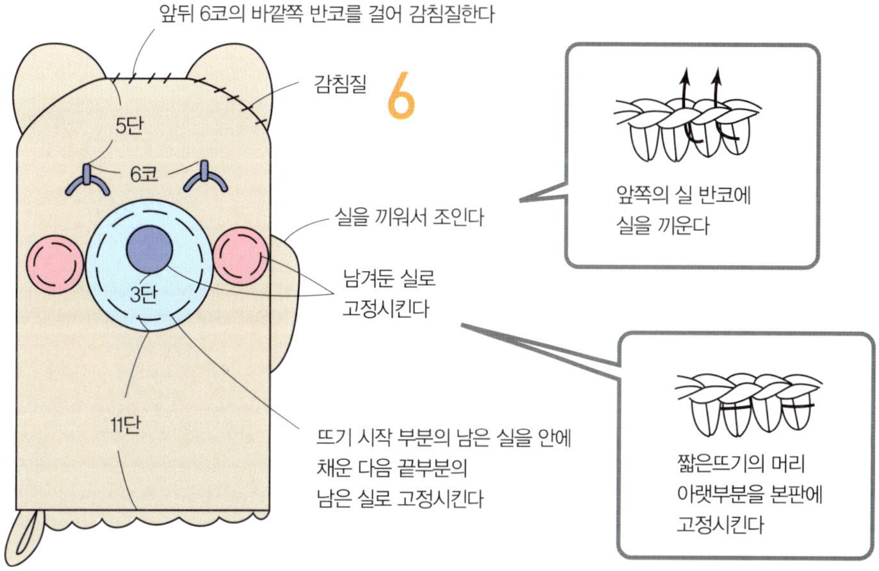

앞뒤 6코의 바깥쪽 반코를 걸어 감침질한다
감침질 6
5단
6코
실을 끼워서 조인다
남겨둔 실로 고정시킨다
3단
11단
뜨기 시작 부분의 남은 실을 안에 채운 다음 끝부분의 남은 실로 고정시킨다
앞쪽의 실 반코에 실을 끼운다
짧은뜨기의 머리 아랫부분을 본판에 고정시킨다

컴퓨터 친구들

손목쿠션과 컴퓨터 청소솔

컴퓨터를 할 때 옆에 두고 쓰고 싶은 편리하고 귀여운 소품들.
작품 50과 51은 손목의 피로를 덜어주는 손목쿠션이에요.
다양한 표정을 짓고 있어 더욱 마음에 드는 소품들이랍니다.
작품 52와 53은 키보드의 먼지를 털 때 편리한 미니 솔이에요.
역시 표정이 깜찍하죠?

How to make

★ **실** 하마나카 보니 50 벽돌색(414) · 연오렌지(497) 각 13g

　　　51 레몬옐로(416) · 올리브그린(493) 각 13g

★ **바늘** 코바늘 7.5/0호

★ **기타 재료** 솜 15g

★ **완성치수** 지름 10cm 두께 5cm

뜨는 방법

❶ 본판 윗부분은 원형뜨기 시작코를 만든 다음 짧은뜨기로 도안처럼 뜨고,
이어서 고리를 뜹니다. 본판 아랫부분에는 고리를 달지 않습니다.

❷ 2장을 안끼리 맞대고 감침질하면서 중간에 솜을 넣습니다.

❸ 본판 윗부분에 수를 놓습니다.

배색		
	50	51
a색	벽돌색	레몬옐로
b색	연오렌지	올리브그린

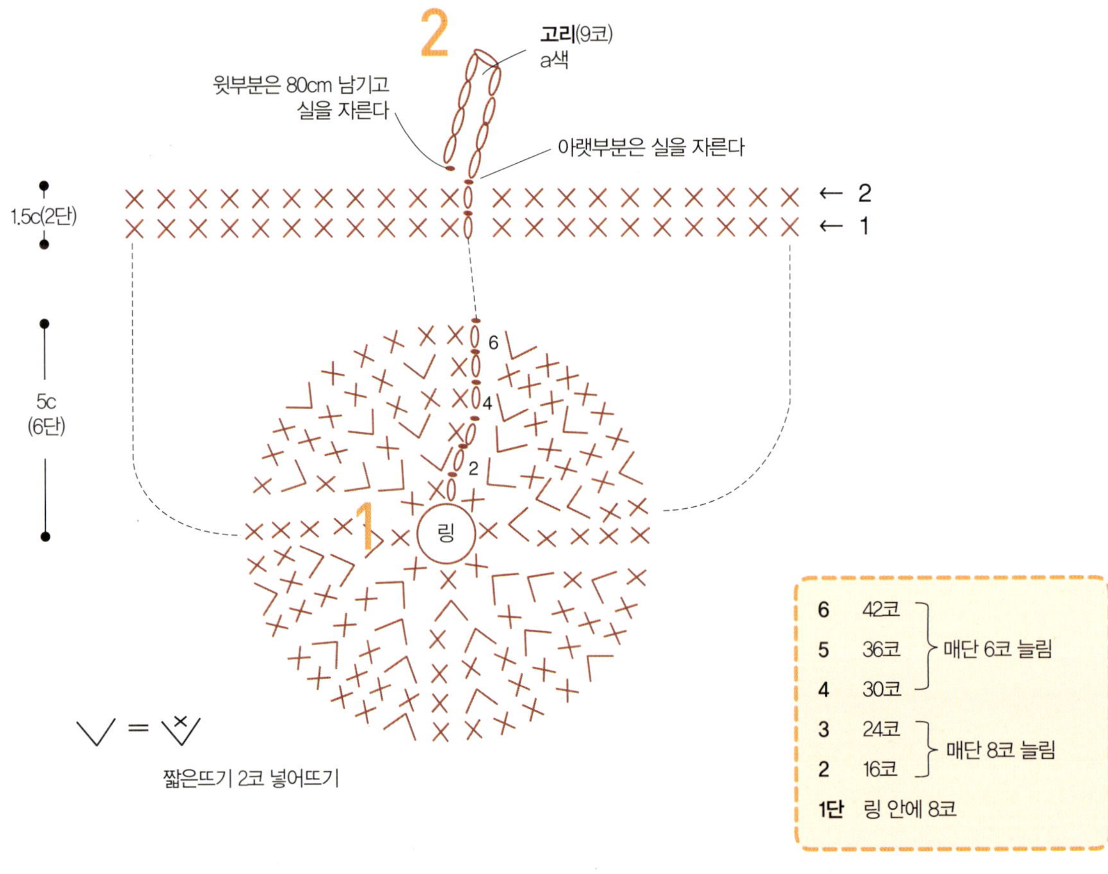

$\vee = \overset{\vee}{\times}$

짧은뜨기 2코 넣어뜨기

6	42코	
5	36코	매단 6코 늘림
4	30코	
3	24코	매단 8코 늘림
2	16코	
1단	링 안에 8코	

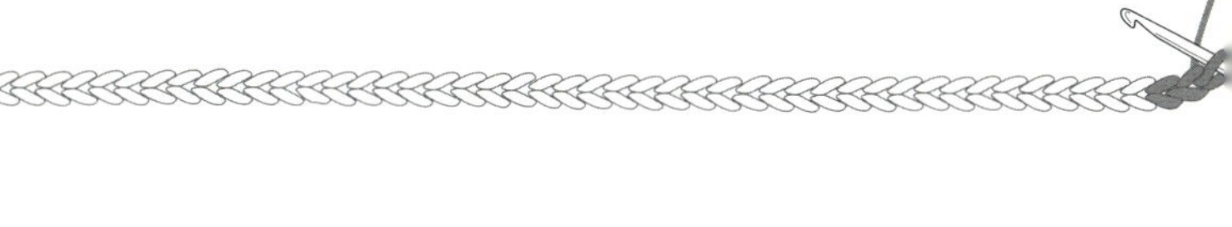

3

50

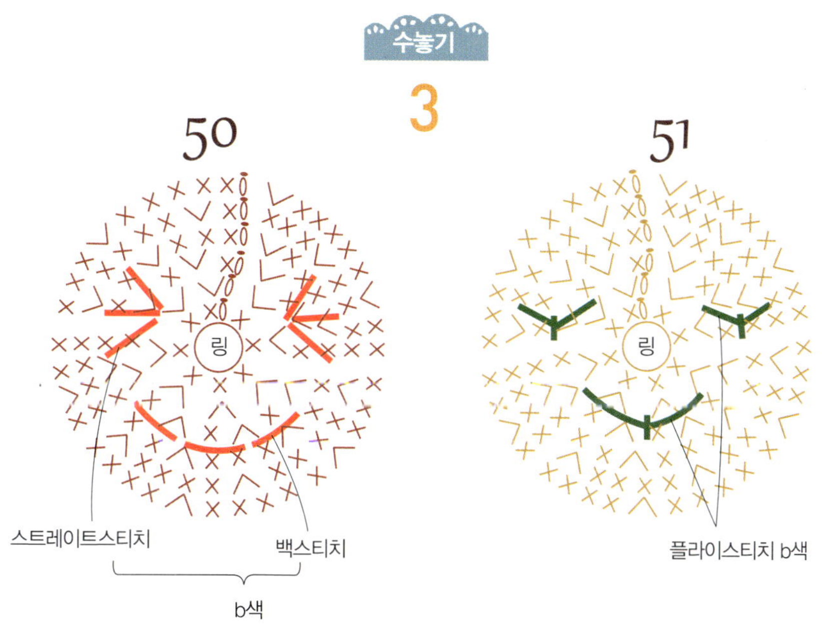

51

2

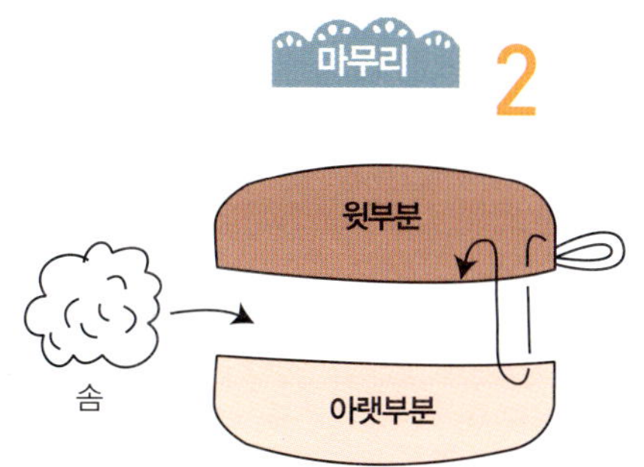

안끼리 맞댄 다음 남겨둔 실로 짧은뜨기 머리의 실 2가닥을
걸어 감침질하고 도중에 솜을 넣는다.

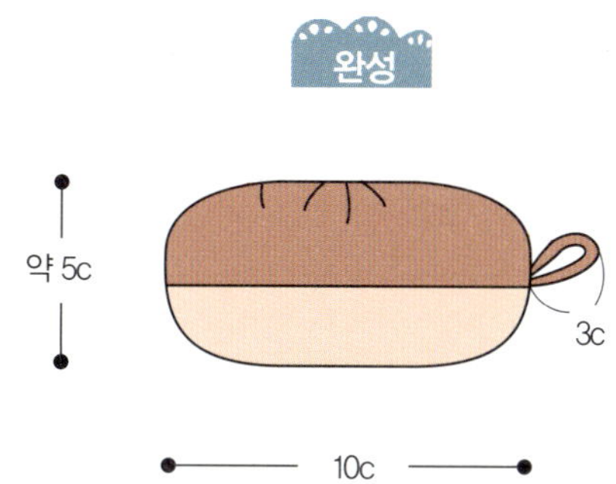

★ **실** 하마나카 보니 5² 연오렌지(497) · 벽돌(414) 각 7g

　　　　53 올리브그린(493) · 레몬옐로(416) 각 7g

★ **바늘** 코바늘 7.5/0호

★ **기타 재료** 솜 3g

★ **완성치수** 그림 참조

뜨는 방법

❶ 본판은 사슬뜨기로 원형코를 만든 다음 짧은뜨기로 도안처럼 뜹니다.

❷ 프린지(술 장식)를 아래 설명처럼 만듭니다.

❸ 본판 안에 프린지를 밑에서 끼운 다음 솜을 넣고 설명처럼 고리를 답니다.

❹ 얼굴에 수를 놓습니다.

배색		
	5²	53
a색	연오렌지	올리브그린
b색	벽돌색	레몬옐로

7.5/0호 코바늘 a색

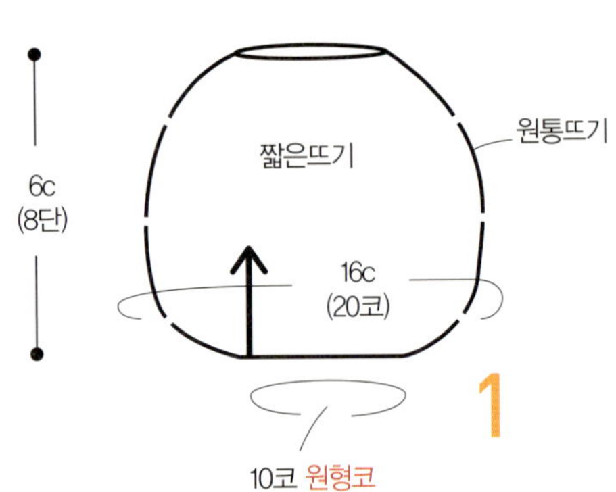

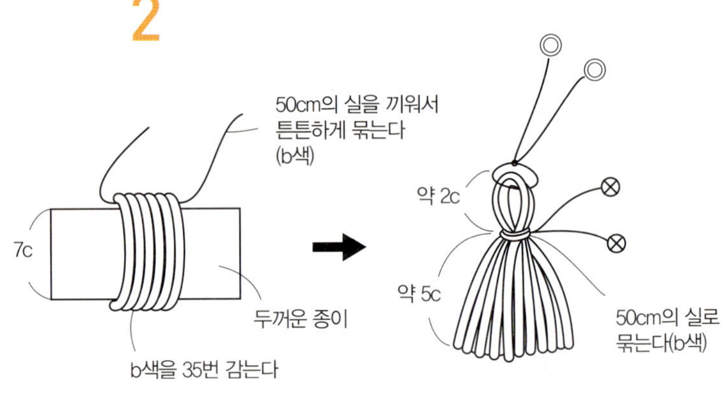

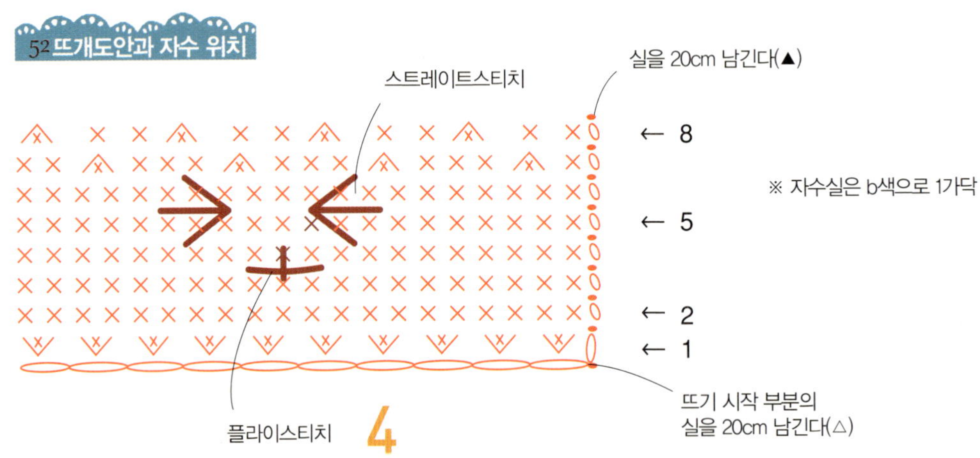

53 뜨개도안과 자수 위치
실을 20cm 남긴다(▲)
← 8
← 5
← 2
← 1
플라이스티치 b색 1가닥
4
뜨기 시작 부분의
실을 20cm 남긴다(△)
고리
7.5/0호 코바늘 b색
약 3c
링
실을 20cm 남긴다
마무리
3
본판
▲
△
⊗
⊗
※ 술 장식을 본판 안에 넣고 묶은 실
(⊗)을 앞으로 꺼내둔다
솜
앞쪽 반코에 실을
끼워 조인다
솜을 넣고 ▲의
실로 조인다
△ } 묶는다
⊗
⊗
⊗
※ 시작코의 사슬코 1가닥에 남은 실(△)을
끼워서 조인 다음 술 장식의 중앙에
찔러서 앞쪽으로 빼내고 ⊗의 1가닥과
묶는다
끈의 실끝을 묶은
다음 자른다
1c
끈을 ◎의 실로
튼튼하게 묶는다
▲
△
⊗
※ 각각의 실 끝은 본판에 넣고
실 처리를 한다
완성
약 14.5c

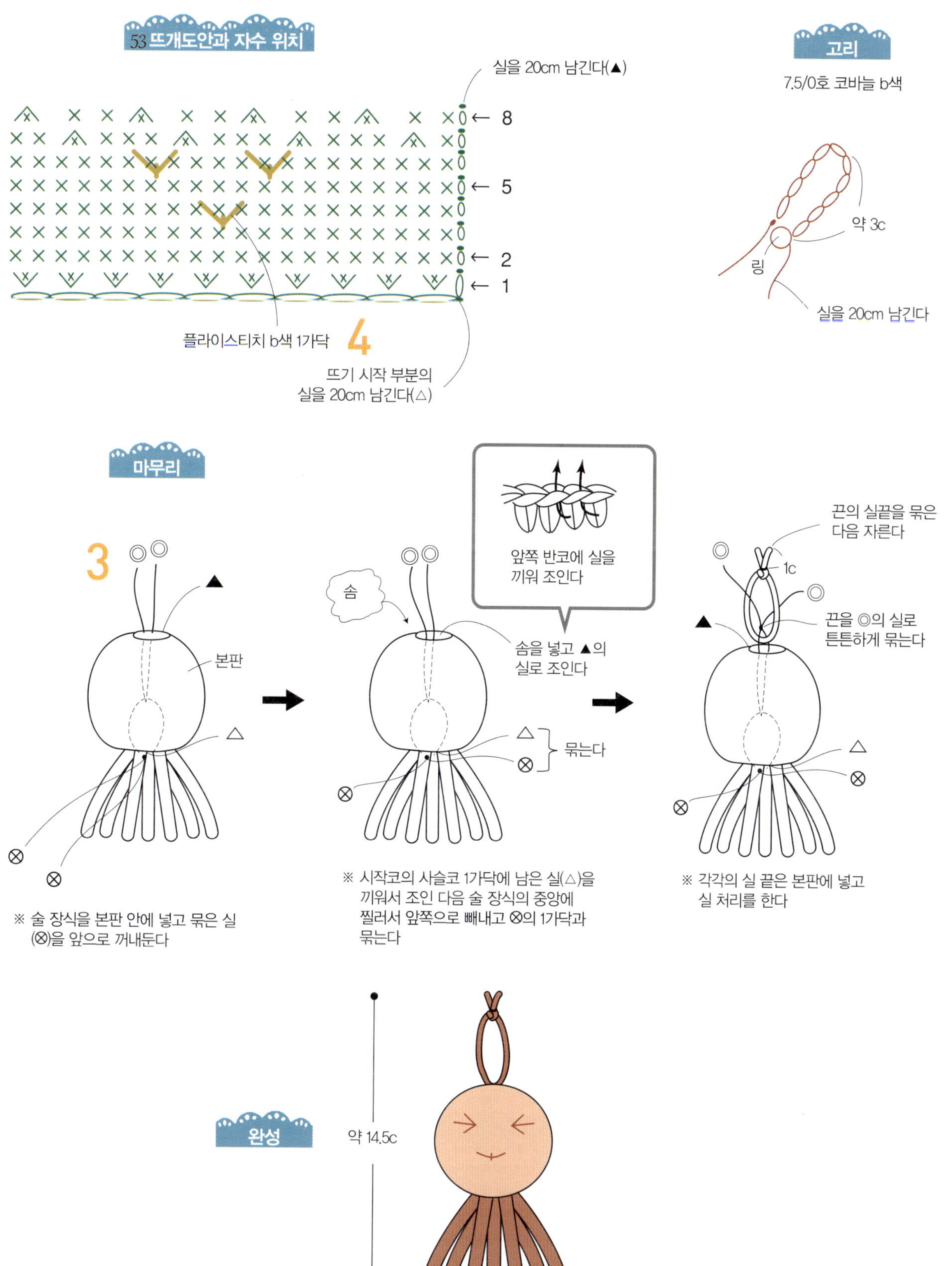

선물용 마스코트

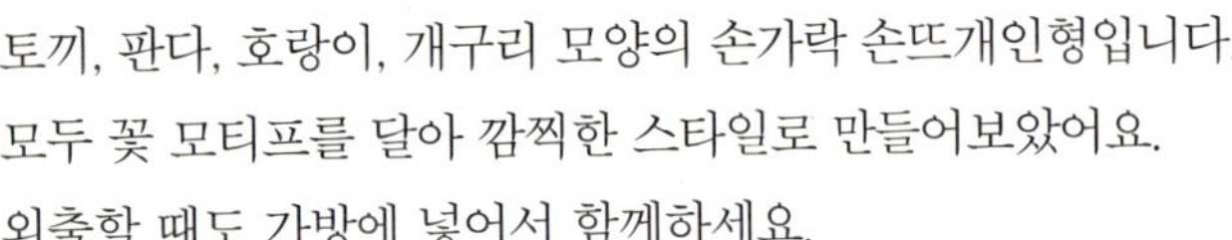

실
하마나카 피콜로

동물 손가락인형

토끼, 판다, 호랑이, 개구리 모양의 손가락 손뜨개인형입니다.
모두 꽃 모티프를 달아 깜찍한 스타일로 만들어보았어요.
외출할 때도 가방에 넣어서 함께하세요.

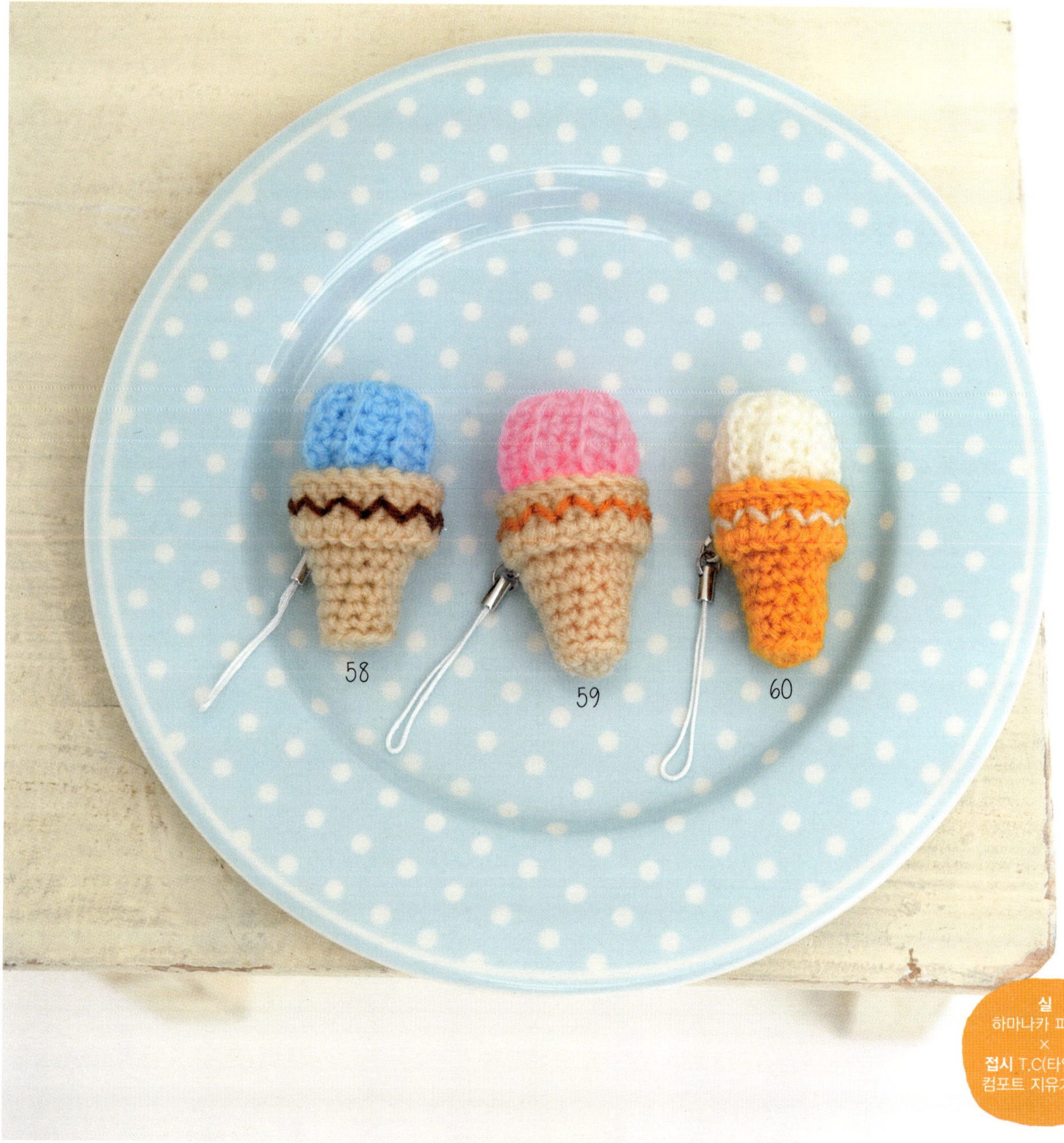

아이스크림 마스코트 

아이스크림 모양의 작은 마스코트는 보고 있는 것만으로도 미소가 지어져요.
휴대전화에 달아서 액정클리너로 사용해도 좋답니다.

★ **실** 하마나카 피콜로 54 로즈핑크(5) 4g · 빨간색(6) 4g · 분홍색(4) · 밤색(17) 각 약간
55 아이보리(2) · 검은색(20) 각 4g · 빨간색(6) 약간
56 겨자색(27) 3g · 검은색(20) · 오렌지(7) 각 약간
57 연두색(9) 4g · 진초록색(10) 3g · 로즈핑크(5) · 밤색(17) 각 약간

★ **바늘** 코바늘 4/0호

★ **기타 재료** 솜 2g

★ **완성치수** 그림 참조

뜨는 방법

❶ 각 부분을 도안처럼 뜹니다.

❷ 머리에 솜을 채운 다음 머리의 남은 실로 몸통과 연결합니다.

❸ 귀 · 눈을 남겨둔 실로 머리에 단 다음 꽃도 지정 위치에 답니다.

❹ 얼굴에 수를 놓습니다.

배색				
	54	55	56	57
a색	로즈핑크	아이보리	겨자색	연두색
b색	빨간색	검은색	검은색	진초록색
c색	분홍색	빨간색	오렌지	로즈핑크
d색	밤색			밤색

머리

1

4/0호 코바늘
a색 각 1장

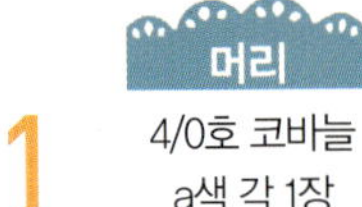
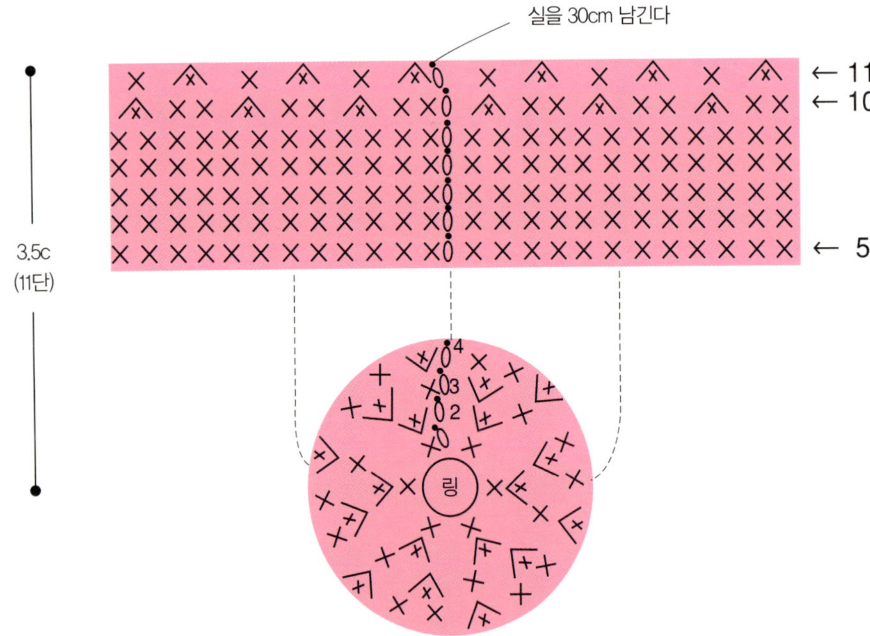

11	12코	매단 6코 줄임
10	18코	
9	24코	증감 없이
~	~	
5	24코	
4	24코	매단 6코 늘림
3	18코	
2	12코	
1단	링 안에 6코	

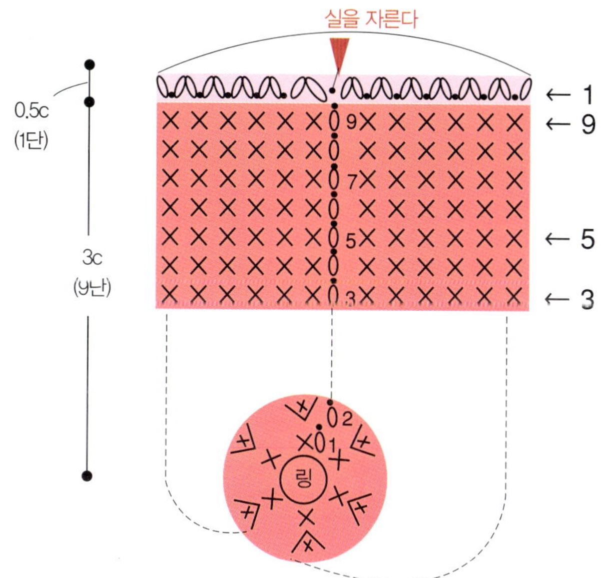

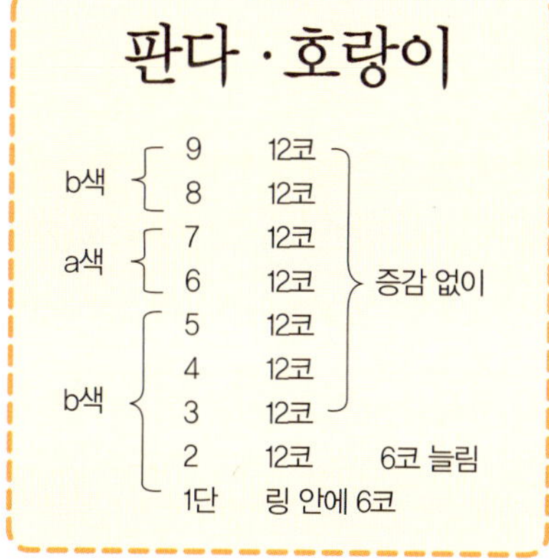

※ 개구리의 가장자리뜨기는 몸통에서 이어서 한다
　토끼, 판다, 호랑이는 아홉 번째 단의 빼뜨기에서 실을 바꿔서 뜬다

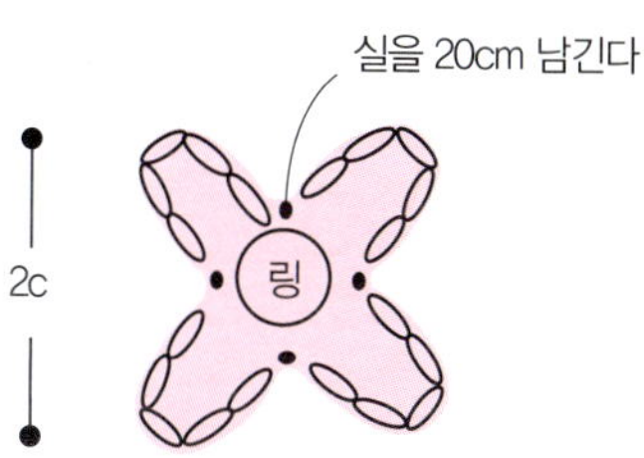

※ 뜨기 시작 부분은 실을 20cm 남긴다

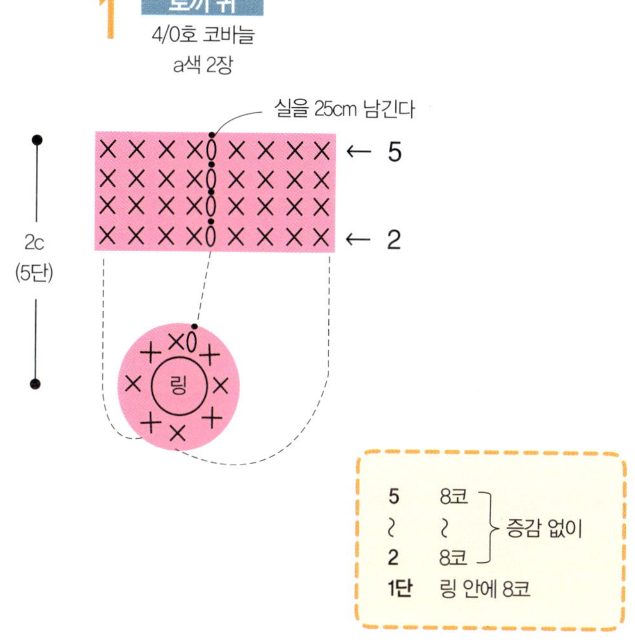

판다 귀, 개구리 눈 4/0호 코바늘 각 b색과 a색 2장씩

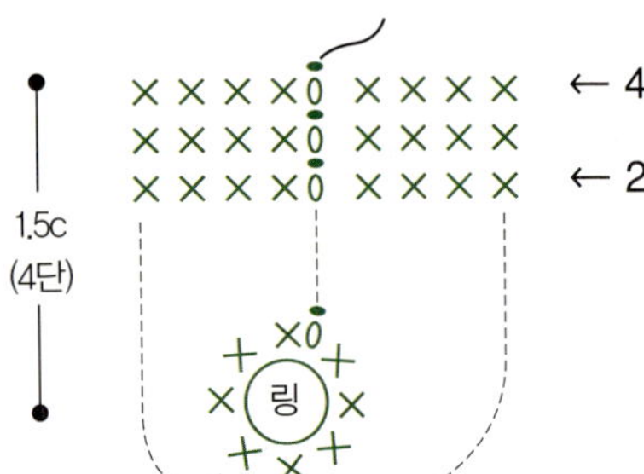

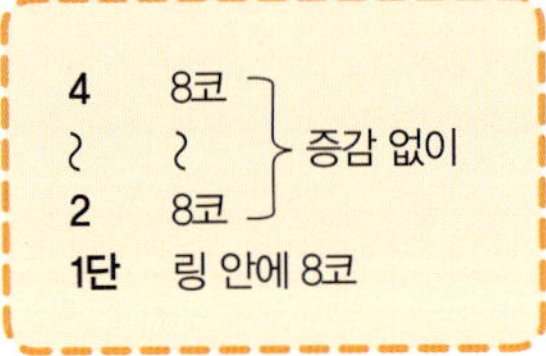

4	8코	
⟨	⟨	증감 없이
2	8코	
1단	링 안에 8코	

※ 뜨기 끝부분은 실을 25cm 남긴다

호랑이 귀 4/0호 코바늘 a색 2장

판다 눈 4/0호 코바늘 b색 2장

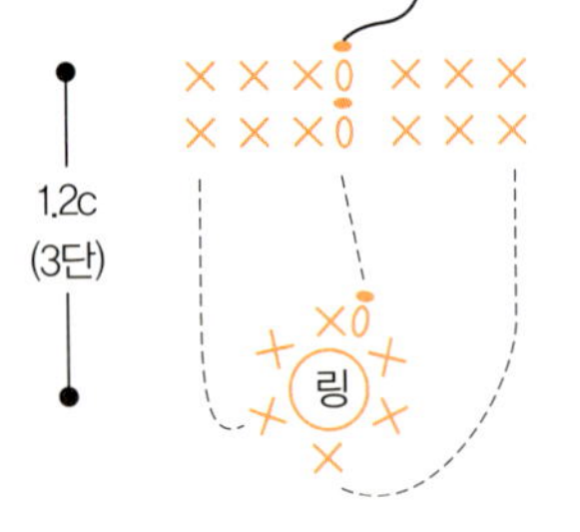

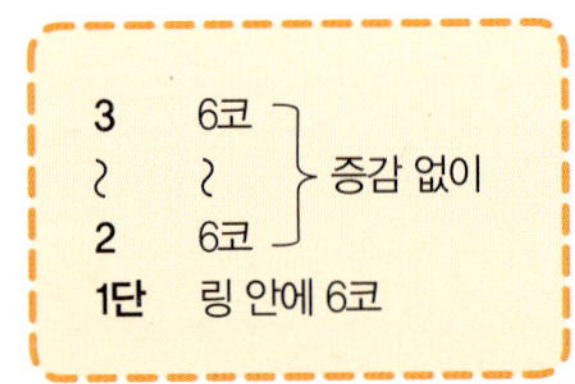

3	6코	
⟨	⟨	증감 없이
2	6코	
1단	링 안에 6코	

※ 뜨기 끝부분은 실을 25cm 남긴다

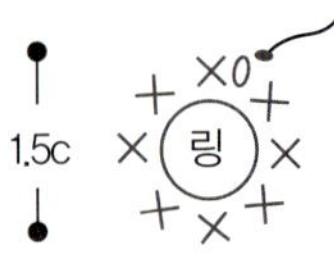

※ 뜨기 끝부분은 실을 30cm 남긴다

토끼 귀 다는 위치

(위에서 본 그림)

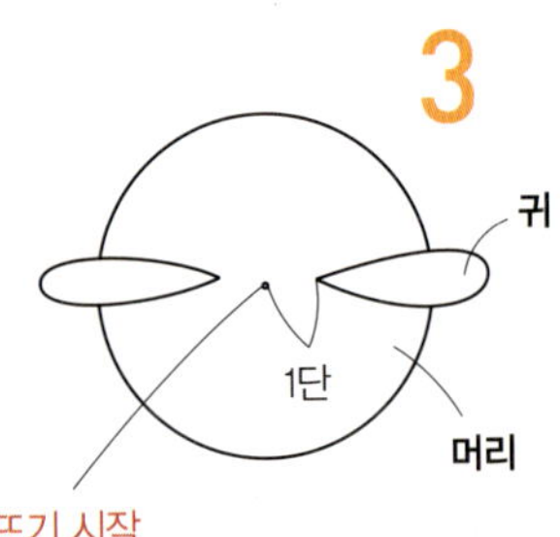

판다, 개구리 귀 다는 위치

(위에서 본 그림)

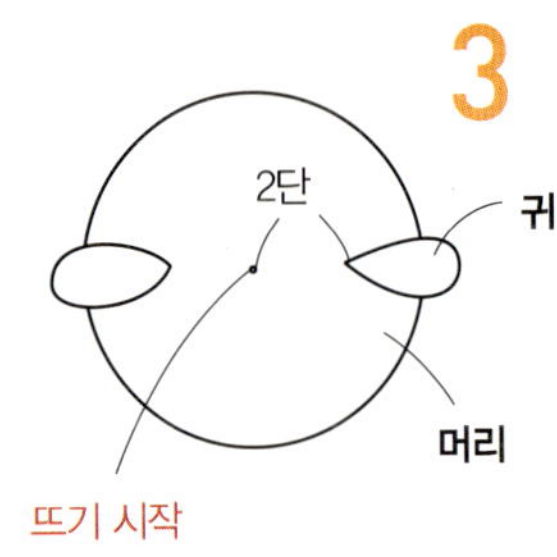

호랑이 귀 · 머리의 자수 위치

(위에서 본 그림)

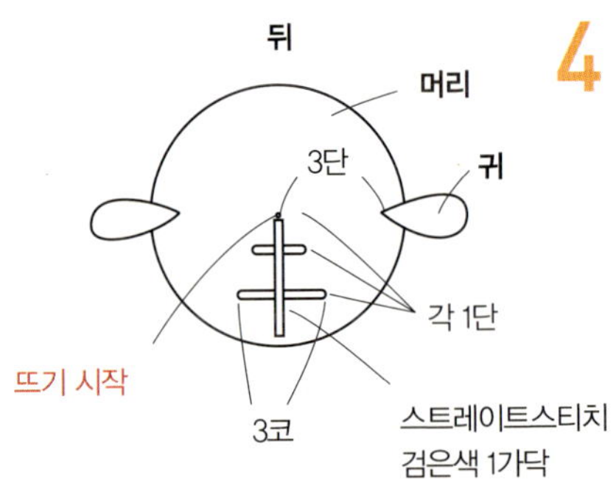

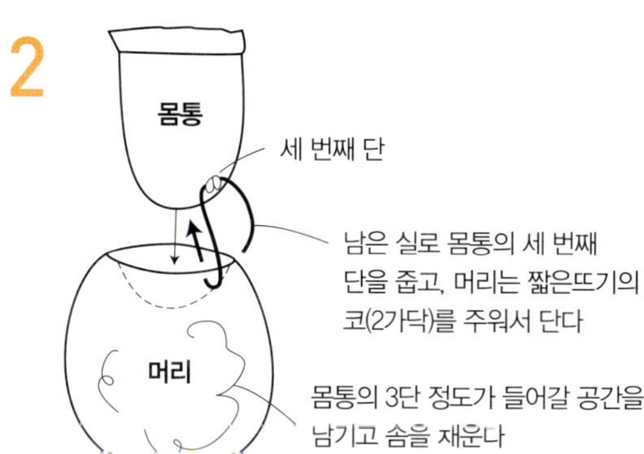

b색 1가닥

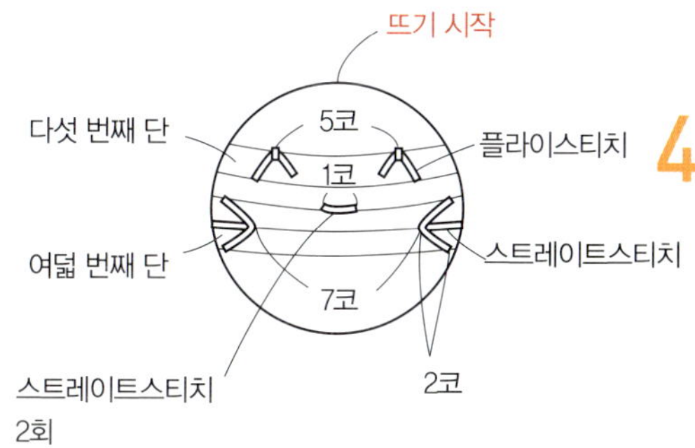

판다

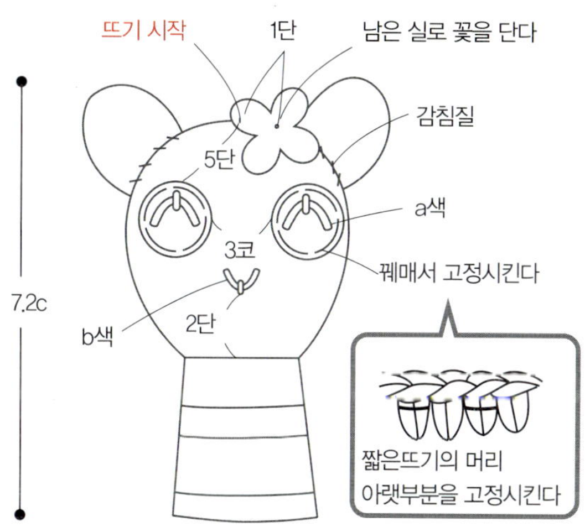

※ 자수는 모두 플라이스티치, 실은 1가닥

호랑이

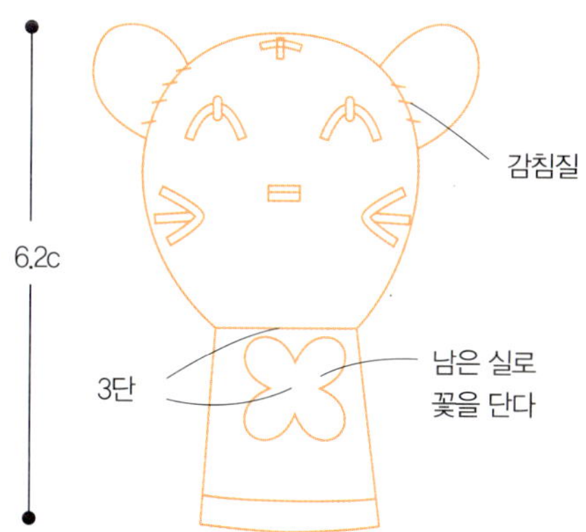

토끼

※ 자수는 모두 플라이스티치, 실은 1가닥

개구리

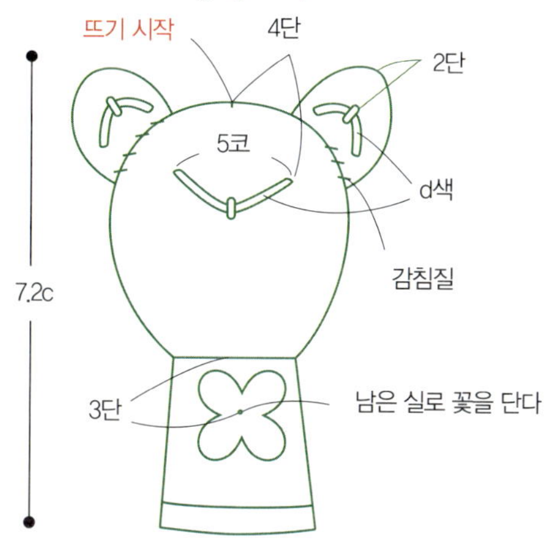

※ 자수는 모두 플라이스티치, 실은 1가닥

★ **실** 하마나카 피콜로 58 베이지(16) 2g · 하늘색(12) 1g · 밤색(17) 약간
　　 59 베이지(16) 2g · 분홍색(4) 1g · 갈색(21) 약간
　　 60 겨자색(27) · 아이보리(2) 각 2g

★ **바늘** 코바늘 4/0호

★ **기타 재료** 휴대전화줄(길이 5cm · 실버) 1개, 체인 달린 연결고리(2cm · 실버) 1개

★ **완성치수** 그림 참조

뜨는 방법

❶ 콘은 원형뜨기 시작코를 만든 다음 짧은뜨기로 도안처럼 뜹니다.

❷ 아이스크림은 사슬뜨기 시작코를 만든 다음 이랑뜨기로 도안처럼 곡선을
　 넣어서 뜹니다.

❸ 아이스크림을 도안처럼 만듭니다.

❹ 콘과 아이스크림을 맞춰서 꿰매면서 중간에 a색의 실을 넣습니다.

❺ 연결고리의 링을 아이스크림에 답니다.

❻ 콘의 접어 겹친 부분을 옆면에 고정시킵니다. (지그재그스티치는 17쪽 참고)

배색			
	58	59	60
a색	하늘색	분홍색	아이보리
b색	베이지	베이지	겨자색
c색	밤색	갈색	아이보리

4/0호 코바늘

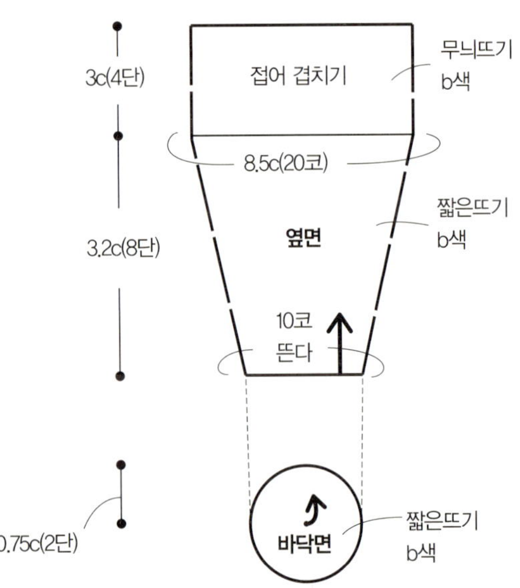

4/0호 코바늘 이랑뜨기

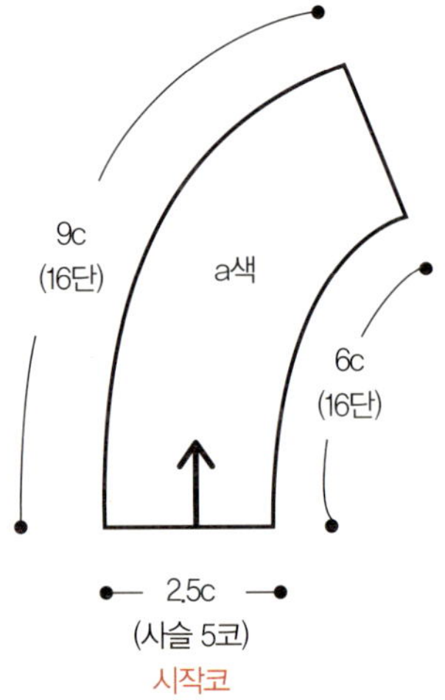

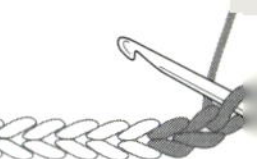

1 콘 뜨개도안

실을 자른다

1.2c (4단)
3c (8단)
1.25c (2단)

← 4
← 2
← 1
← 10
← 5
← 3

링
2
1

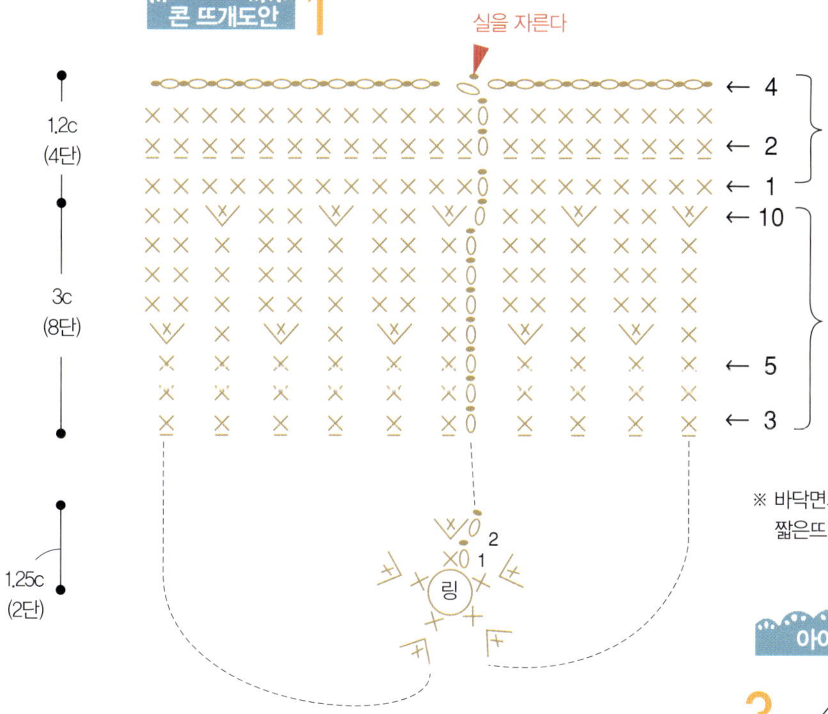

4	20코	증감 없이
~	~	
1	20코	
10	20코	5코 늘림
9	15코	증감 없이
~	~	
7	15코	
6	15코	5코 늘림
5	10코	증감 없이
~	~	
3	10코	
2	10코	5코 늘림
1단	링 안에 5코	

※ 바닥면의 세 단째는 두 번째 단의 짧은뜨기 뒤쪽 반코에 넣어
   짧은뜨기를 뜬다

2 아이스크림 뜨개도안

→ 16
   15
→ 10
← 5
→ 2
← 1

뜨기 시작

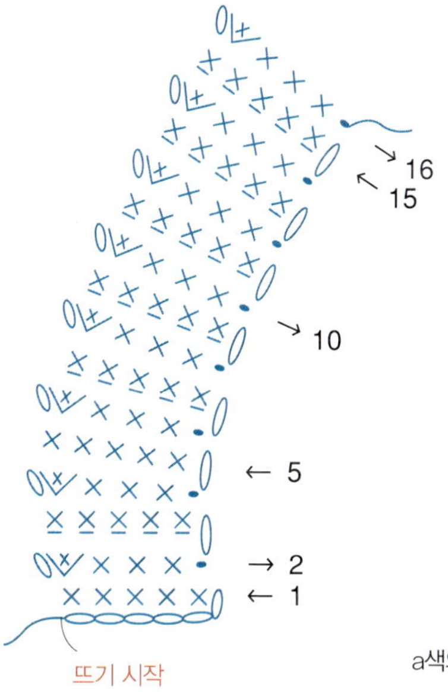

※ 뜨기 시작 부분의 실을 30cm,
   뜨기 끝부분은 20cm 남긴다
   첫 번째 단은 사슬의 뒷산에 넣어뜬다

3 아이스크림 마무리

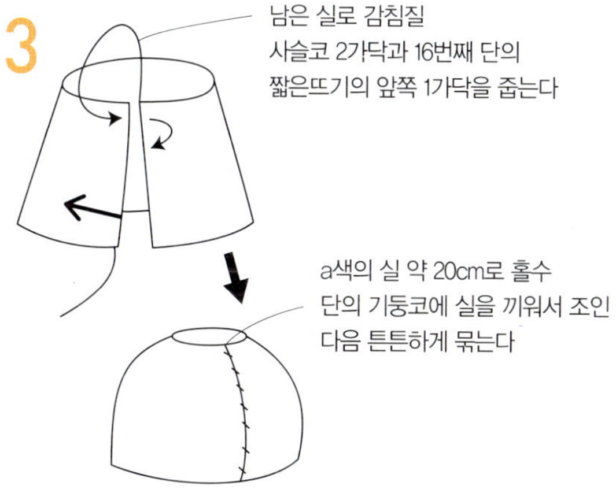

남은 실로 감침질
사슬코 2가닥과 16번째 단의
짧은뜨기의 앞쪽 1가닥을 줍는다

a색의 실 약 20cm로 홀수
단의 기둥코에 실을 끼워서 조인
다음 튼튼하게 묶는다

4 꿰매서 맞추기

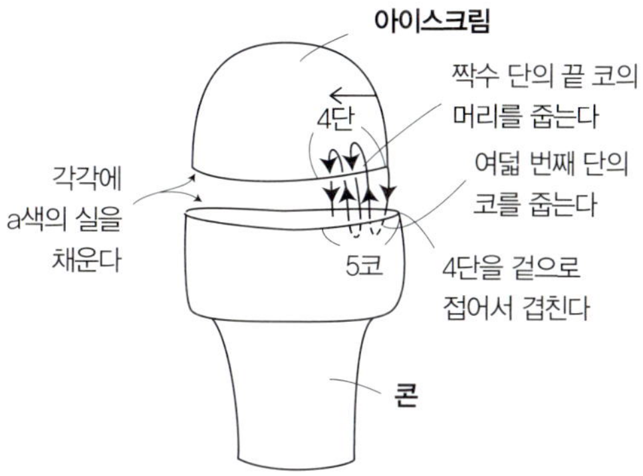

아이스크림

짝수 단의 끝 코의
머리를 줍는다

4단

여덟 번째 단의
코를 줍는다

각각에
a색의 실을
채운다

5코

4단을 겉으로
접어서 겹친다

콘

5 완성

휴대전화줄

약 3c

체인 달린
연결고리

1단

약 5.5c

지그재그스티치로
접어 겹친 부분을
옆면에 고정시킨다
c색(약 60cm) 1가닥

1단

6

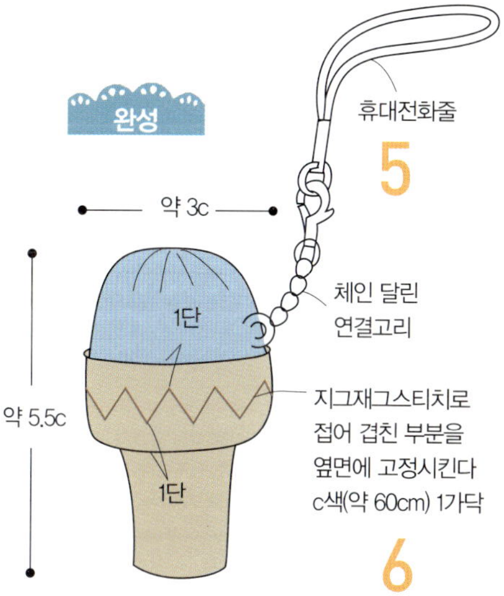

실
하마나카 피콜로
×
접시 T.C(타임리스
컴포트 지유가오카)

61 62 63 64

버섯, 도토리 마스코트

조그만 버섯과 도토리 모양 마스코트. 휴대전화에 달거나
키홀더로도 사용할 수 있으니 다양하게 즐겨보세요.
깜찍하고 귀여워서 선물로도 아주 좋답니다.

65 66 67

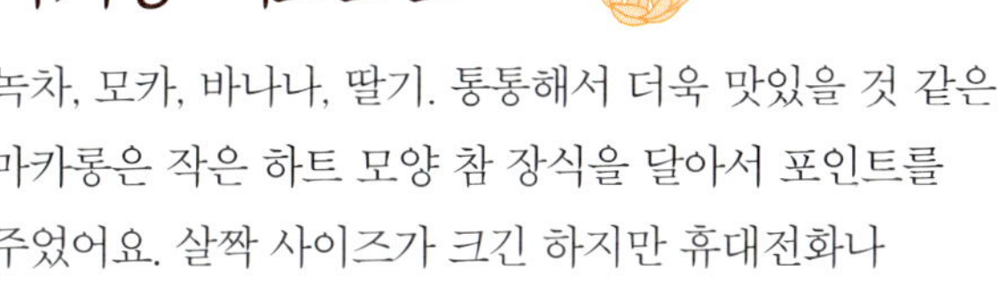

마카롱 마스코트

녹차, 모카, 바나나, 딸기. 통통해서 더욱 맛있을 것 같은 마카롱은 작은 하트 모양 참 장식을 달아서 포인트를 주었어요. 살짝 사이즈가 크긴 하지만 휴대전화나 가방에 달아서 장식해보세요.

68

61·62

버섯 마스코트

★ **실** 하마나카 피콜로 61 오렌지(7) 2g · 빨간색(6) · 베이지(16) 각 1g 녹차색(32) 약간
62 겨자색(27) 2g · 베이지(16) · 로즈핑크(5) 각 1g · 녹차색(32) 약간

★ **바늘** 코바늘 4/0호

★ **기타 재료** 휴대전화줄(흰색) 1개, 게고리(실버) 1개, O링(지름 6mm · 실버) 1개,
단추(지름 0.7cm) 3개, 솜 1.5g

★ **완성치수** 그림 참조

뜨는 방법

❶ 버섯갓 · 버섯기둥은 원형뜨기 시작코를 만든 다음 짧은뜨기로 도안처럼 뜹니다.

❷ 잎사귀는 사슬뜨기 시작코를 만든 다음 도안처럼 뜹니다.

❸ 버섯갓과 버섯기둥을 맞대어 꿰매면서 중간에 솜을 넣습니다.

❹ 잎사귀를 버섯갓의 꼭대기에 달고, 그 실로 단추도 답니다.

❺ ○링을 단 다음 게고리와 휴대전화줄을 답니다.

배색		
	61	62
a색	빨간색	로즈핑크
b색	오렌지	겨자색
c색	베이지	베이지

4/0호 코바늘

1

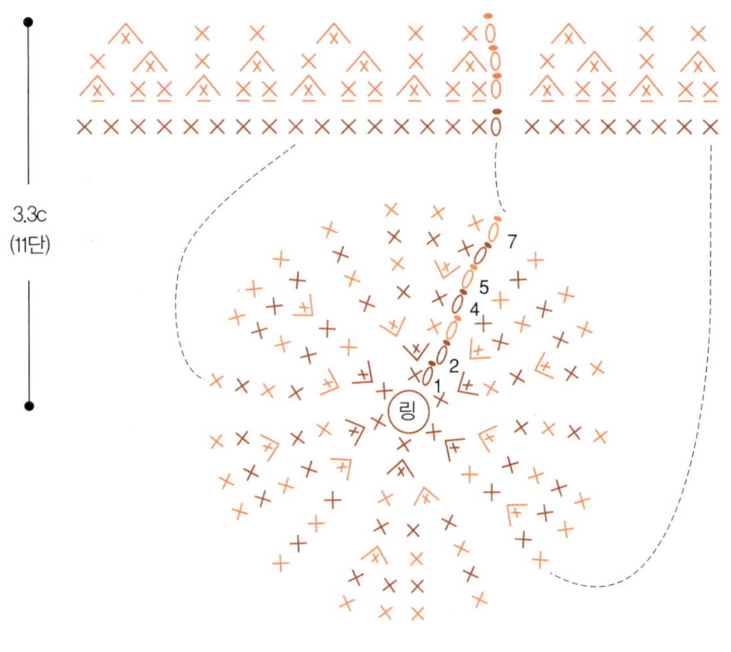

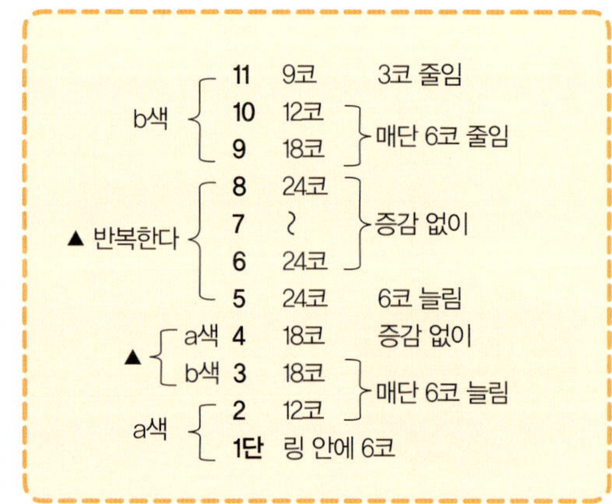

※ 아홉 번째 단은 줄기뜨기

1 버섯기둥 뜨개도안

4/0호 코바늘 c색

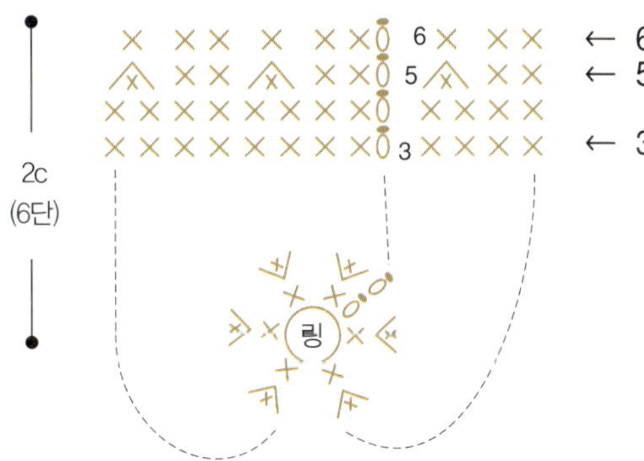

← 6
← 5
← 3

2c
(6단)

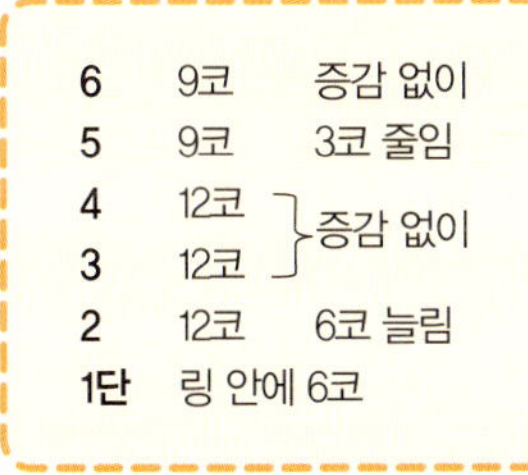

※ 뜨기 끝부분은 실을 30cm 남긴다

6	9코	증감 없이
5	9코	3코 줄임
4	12코	증감 없이
3	12코	
2	12코	6코 늘림
1단	링 안에 6코	

2 잎사귀 뜨개도안

4/0호 코바늘 녹차색

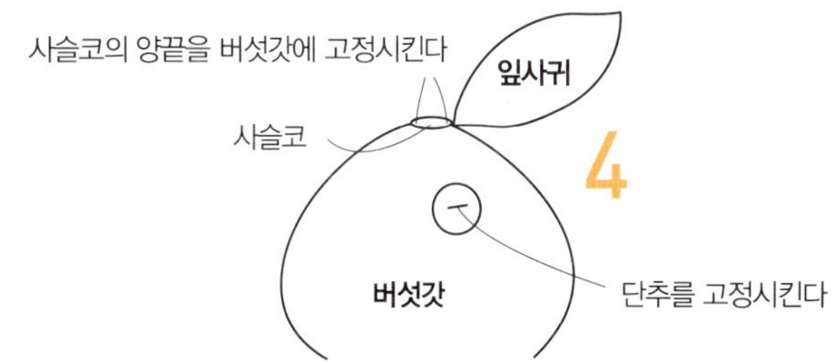

※ 뜨기 끝부분은 실을 20cm 남긴다
  첫 번째 단은 사슬고의 반고외 뒷산에 넣이뜬디

잎사귀와 단추 달기

사슬코의 양끝을 버섯갓에 고정시킨다

잎사귀

사슬코

4

버섯갓

단추를 고정시킨다

※ 잎사귀의 남은 실로 꼭대기에 고정시키고 그 실로 단추도 고정시킨다

버섯갓과 버섯기둥 맞대기

3

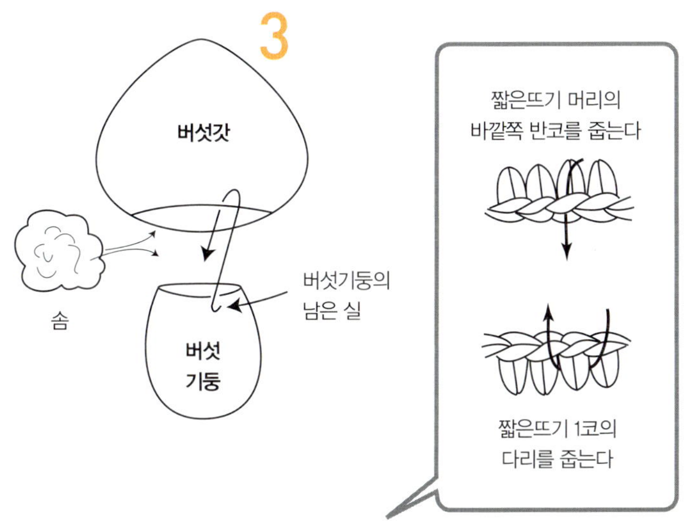

※ 버섯기둥은 짧은뜨기의 다리,
  버섯갓은 바깥쪽의 반코를 주워서 감침질한다

완성

5

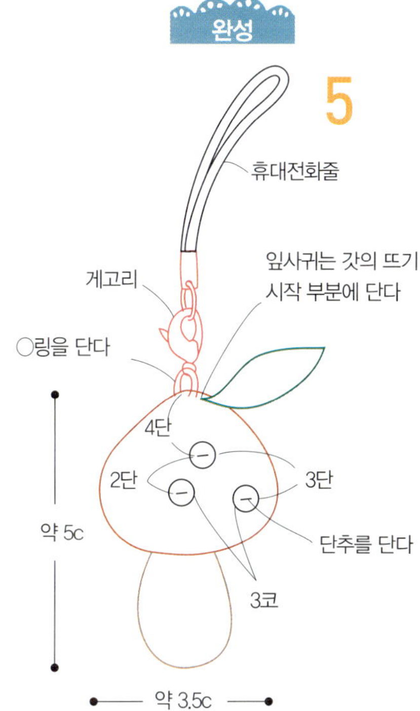

★ **실** 하마나카 피콜로 63 갈색(21) 3g · 밤색(17) 2g · 겨자색(27) 1g

　　64 베이지(16) 3g · 밤색(17) 2g · 녹차색(32) 1g

★ **바늘** 코바늘 4/0호

★ **기타 재료** 휴대전화줄(길이 7cm · 블랙) 1개, 나무 비즈(지름 4mm · 갈색) 2개, 솜 2.5g

★ **완성치수** 그림 참조

뜨는 방법

❶ 도토리의 갓 · 열매는 원형뜨기 시작코를 만든 다음 짧은뜨기로 도안처럼 뜹니다.

❷ 잎사귀는 사슬뜨기 시작코를 만든 다음 도안처럼 뜹니다.

❸ 도토리의 갓과 열매를 맞추어 꿰매면서 중간에 솜을 넣습니다.

❹ 얼굴은 나무 비즈를 눈으로 달고 입을 수놓습니다.

❺ 잎사귀를 갓의 꼭대기에 단 다음 휴대전화줄을 답니다.

배색		
	63	64
a색	갈색	베이지
b색	밤색	밤색
c색	겨자색	녹차색

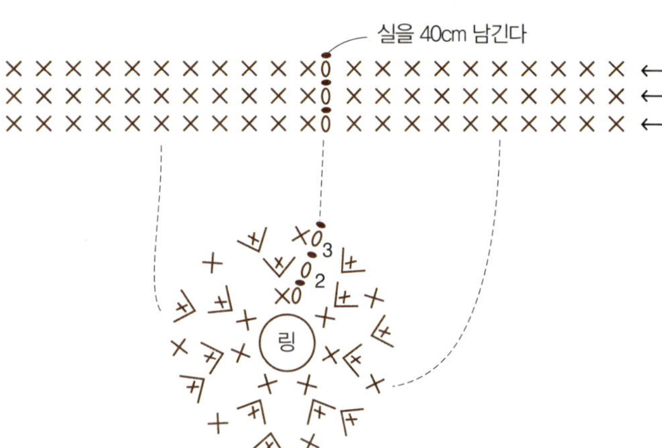

6	21코	
～	～	증감 없이
4	21코	
3	21코	매단 7코 늘림
2	14코	
1단	링 안에 7코	

※ 첫 번째 단은 사슬코의 반코와
　 뒷산에 넣어뜬다

열매

← 10
← 5
← 4
3c
(10단)
3
2
1
링

10 18코
~ ~ 증감 없이
4 18코
3 18코
2 12코 매단 6코 늘림
1단 링 안에 6코

얼굴
4
63
64
갓
갓
나무
비즈
3코
2단
2단
5단
4단
4코
1.5코
2코
열매
열매
플라이스티치 b색
플라이스티치 b색

완성
5
휴대전화줄
고리에
게고리를 단다
약 2c
약 4.5c
약 3c

갓과 열매 맞대기
3
솜을 채운다
갓
1단
갓의 남은 실로 홈질
열매
솜을 채운다
열매의 아홉 번째 단과 갓의 여섯 번째 단을 맞댄다

4/0호 코바늘 a색

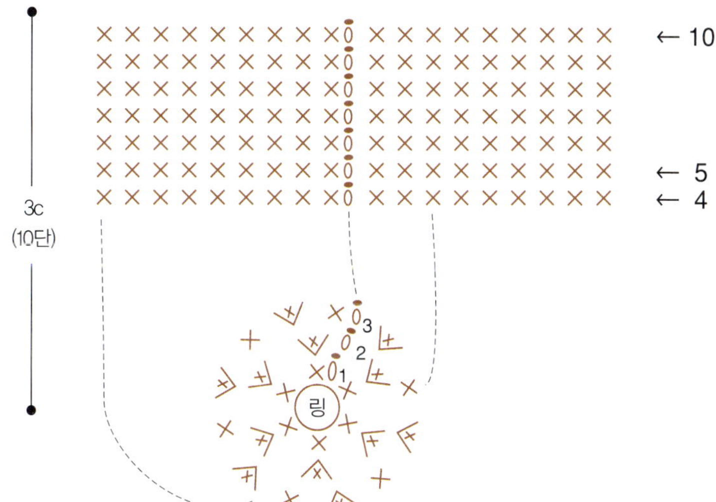

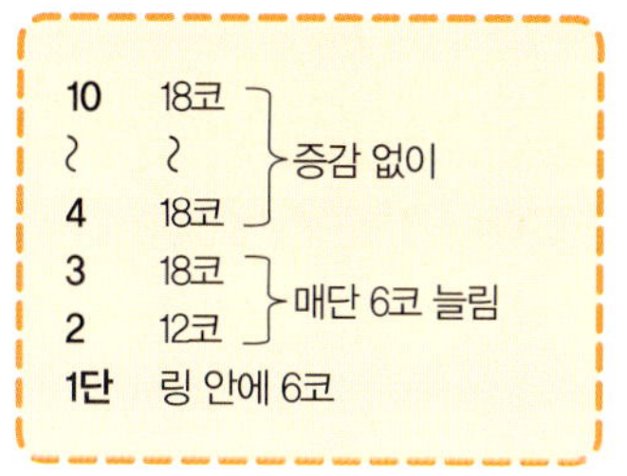

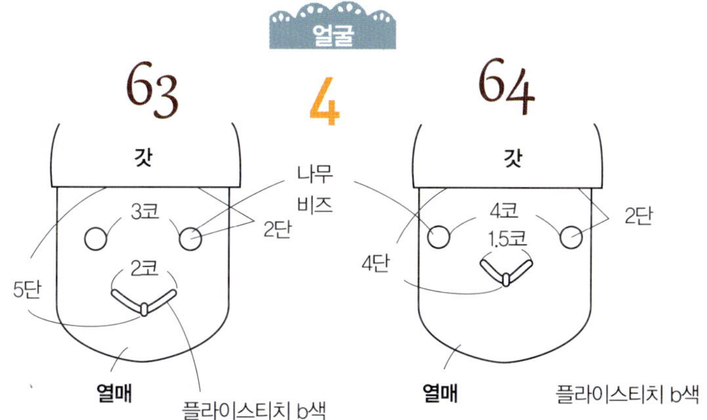

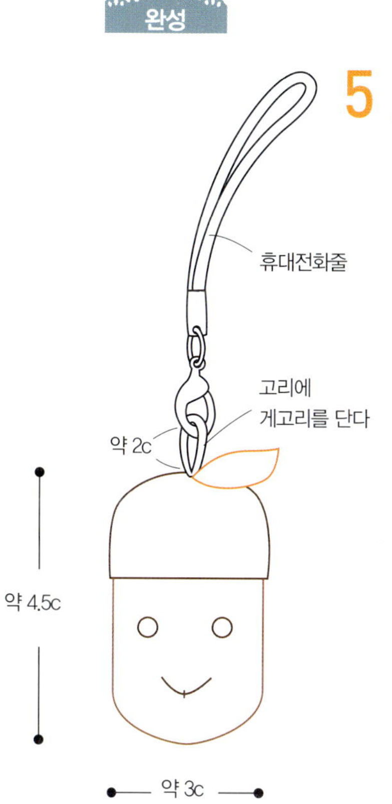

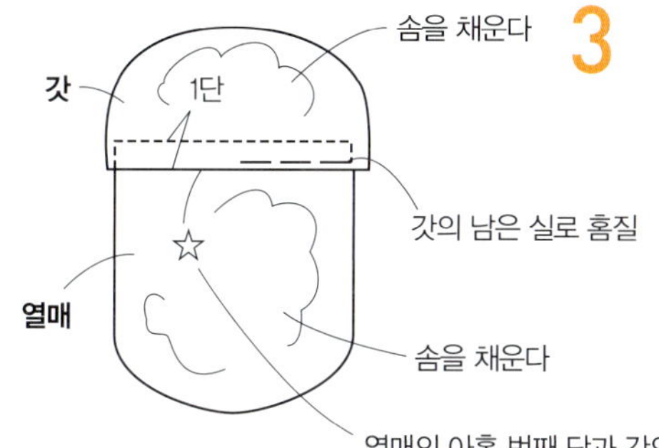

65·66·67·68
마카롱 · 마스코트

★ **실** 하마나카 러브보니 65 올리브그린(213) 22g · 아이보리(201) 3g · 금색(206) 2g
　66 연갈색(221) 22g · 모카(223) 3g · 분홍색(210) 2g
　67 노란색(205) 22g · 아이보리(201) 3g · 금색(206) 2g
　68 분홍색(210) 22g · 연지색(212) 5g

★ **바늘** 코바늘 6/0호

★ **기타 재료** 볼체인(10cm · 실버) 1개

★ **완성치수** 그림 참조

뜨는 방법

❶ 본판 A · B는 원형뜨기 시작코를 만든 다음 도안처럼 뜹니다.

❷ 참 장식은 사슬뜨기 시작코를 만든 다음 도안처럼 뜹니다.

❸ 본판 A · B를 가장자리뜨기로 맞춰서 꿰매면서 중간에 똑같은 실을 안으로 넣습니다.

❹ 볼체인에 참 장식을 끼운 다음 본판 A의 고리에 끼웁니다.

배색			
	65	66	67	68
a색	올리브그린	연갈색	노란색	분홍색
b색	아이보리	모카색	아이보리	연지색
c색	금색	분홍색	금색	연지색

 **본판 A** 1

∨ = ∨ 짧은뜨기 2코 넣어뜨기　　　※ 가장자리뜨기는 본판 A · B의 여섯 번째 단의 바깥쪽 반코에 넣어뜬다

1 본판 B a색

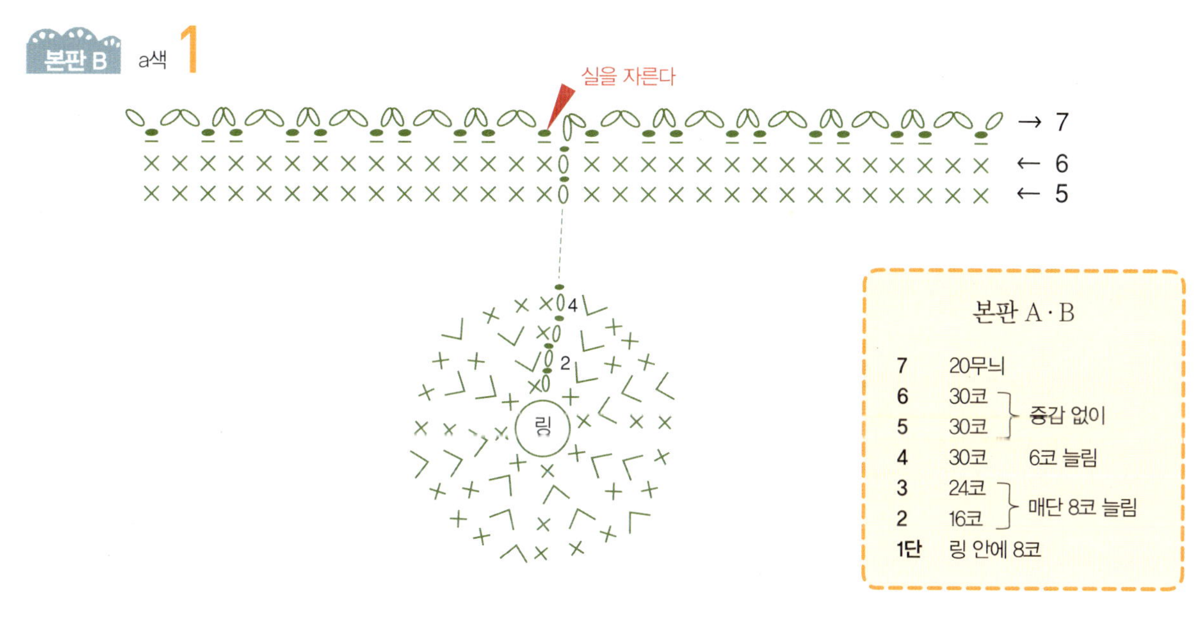

본판 A · B

7	20무늬	
6	30코	증감 없이
5	30코	
4	30코	6코 늘림
3	24코	매단 8코 늘림
2	16코	
1단	링 안에 8코	

2 참 장식 뜨개도안 c색

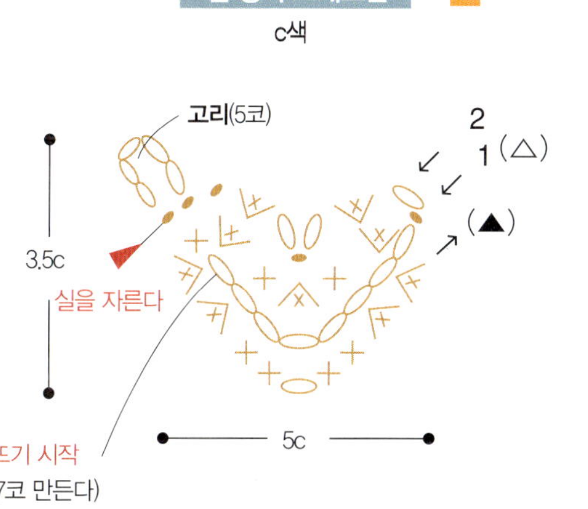

※첫번째 단의 △는 사슬코 뒷산, ▲는 사슬코 반코에 넣어뜬다

3 본판 A · B 맞대기

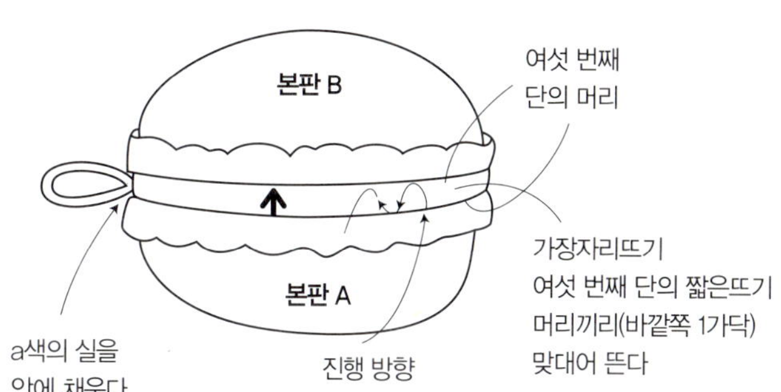

완성

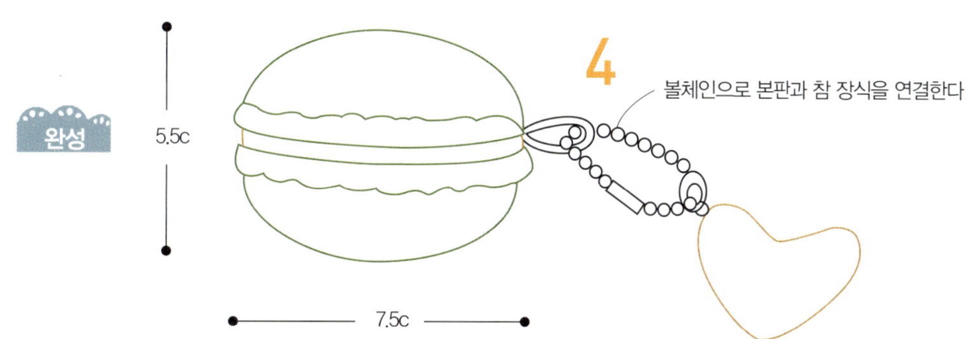

Lesson 7
실용 생활용품 1
실
하마나카 점보니

하트 쿠션 

여기서는 앞에서 익힌 것들을 활용해 일반적인 생활용품을 만들어보려고 합니다.

하트 모양의 미니쿠션은 앞의 하트 청소걸레와 같은 뜨개도안을 좀 굵은 15ply의 실로 뜬 것입니다.

약간 작은 사이즈라서 여러 개를 만들어 방 안을 장식하면 인테리어 효과도 만점이랍니다.

How to make

69·70 하트 쿠션

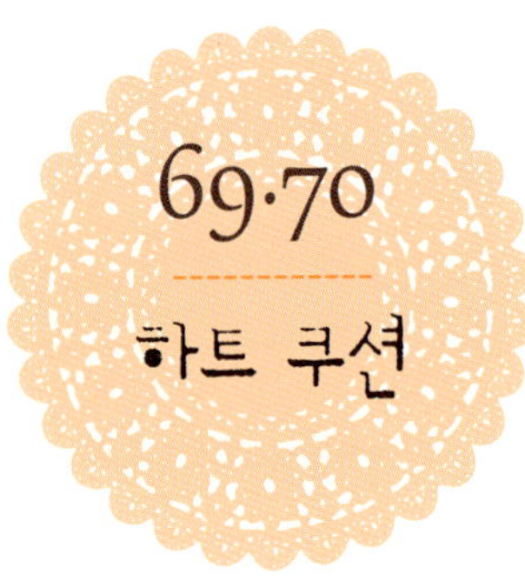

★ **실** 하마나카 점보니 69 분홍색(8) 86g 70 빨간색(6) 86g
★ **바늘** 10mm 코바늘
★ **기타 재료** 무명천(안감용) 55cm×20cm 69 분홍색 70 빨간색, 솜 33g
★ **완성치수** 27.5×20.5cm

뜨는 방법

❶ 사슬뜨기 시작코를 만든 다음 한길긴뜨기로 도안처럼 증감코를 하면서 뜹니다.
❷ 안감은 패턴에 1cm의 시접을 주고 재단한 다음 아래 설명처럼 만듭니다.
❸ 2장을 안끼리 맞대고 가장자리뜨기를 뜨면서 중간에 안감을 넣습니다.

안감 만들기

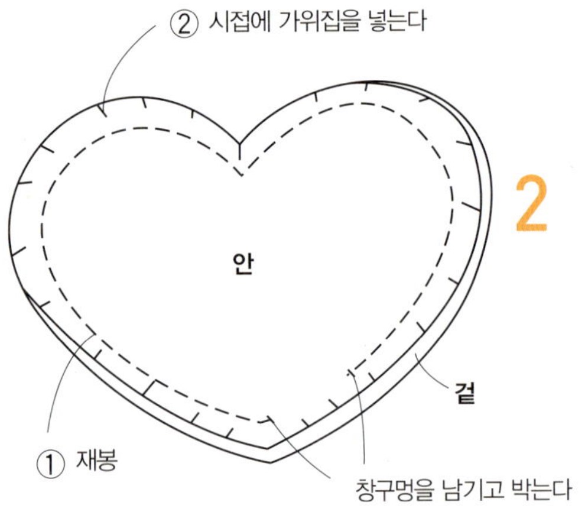

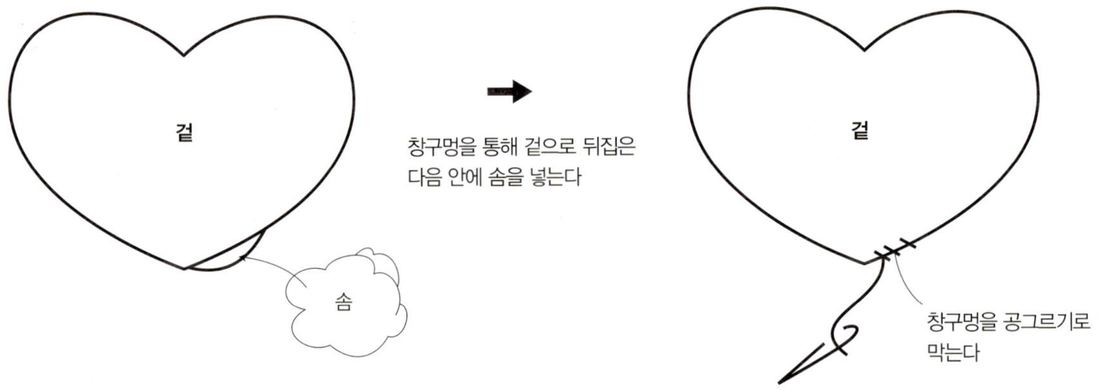

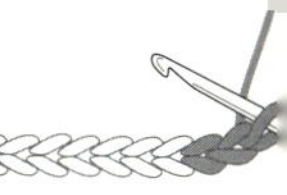

※ 시접 1cm를 주고 재단한다

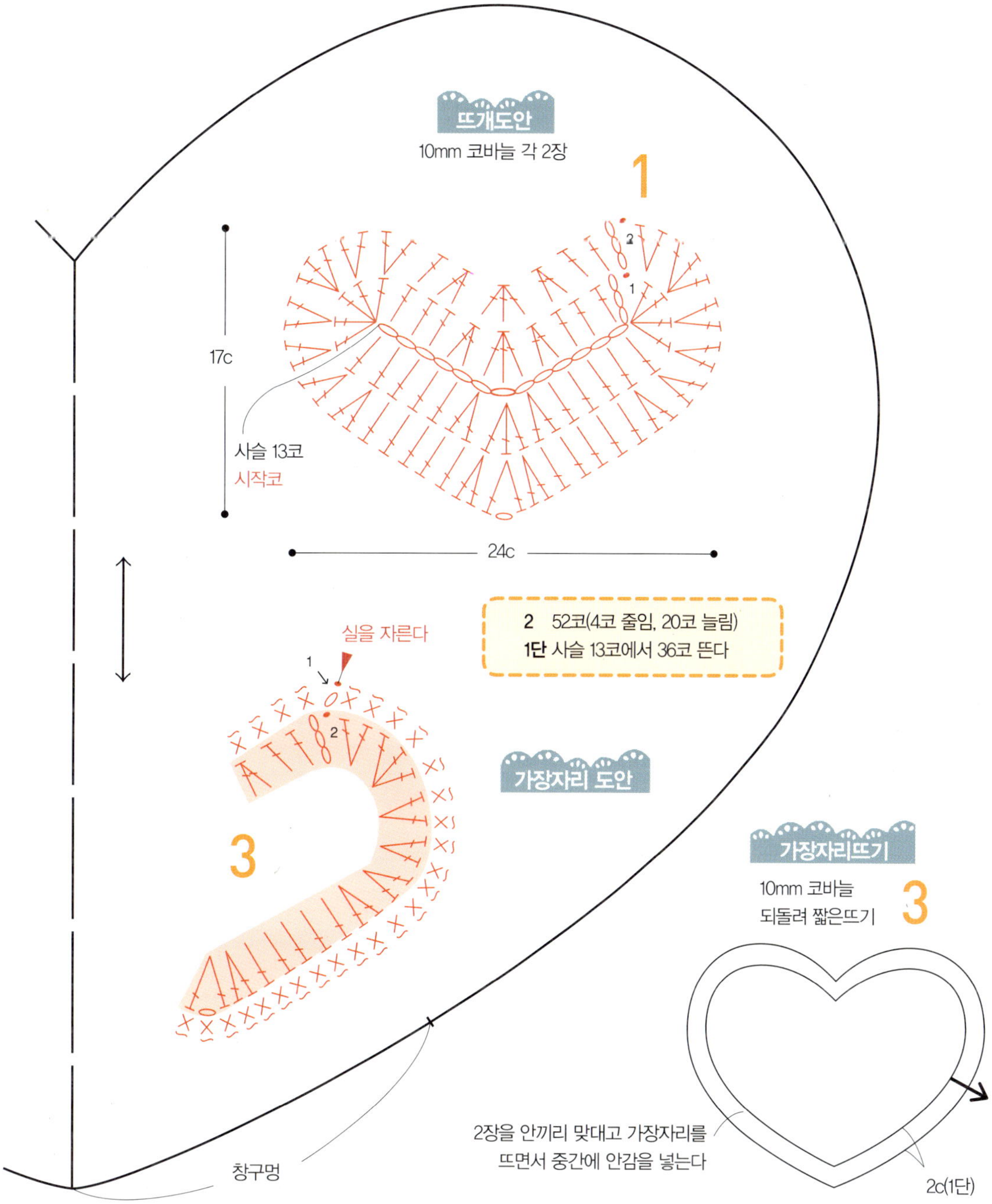

발매트

앞의 작품 7, 8처럼 도트무늬를 넣어 뜬 발매트입니다.
주방 마루에 깔아두고 사용하면 좋아요. 더러워지면 손쉽게 빨 수 있어서 안심입니다.

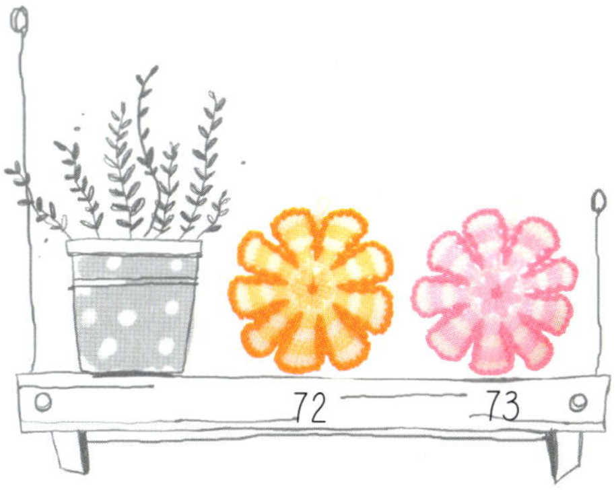

컵받침과 꽃방석

똑같은 콧수와 단수로 떴는데도 실의 종류에 따라 크기와 느낌이 너무 다르죠?
작품 72와 73은 10ply, 74는 15ply의 실을 이용해서 떴어요.

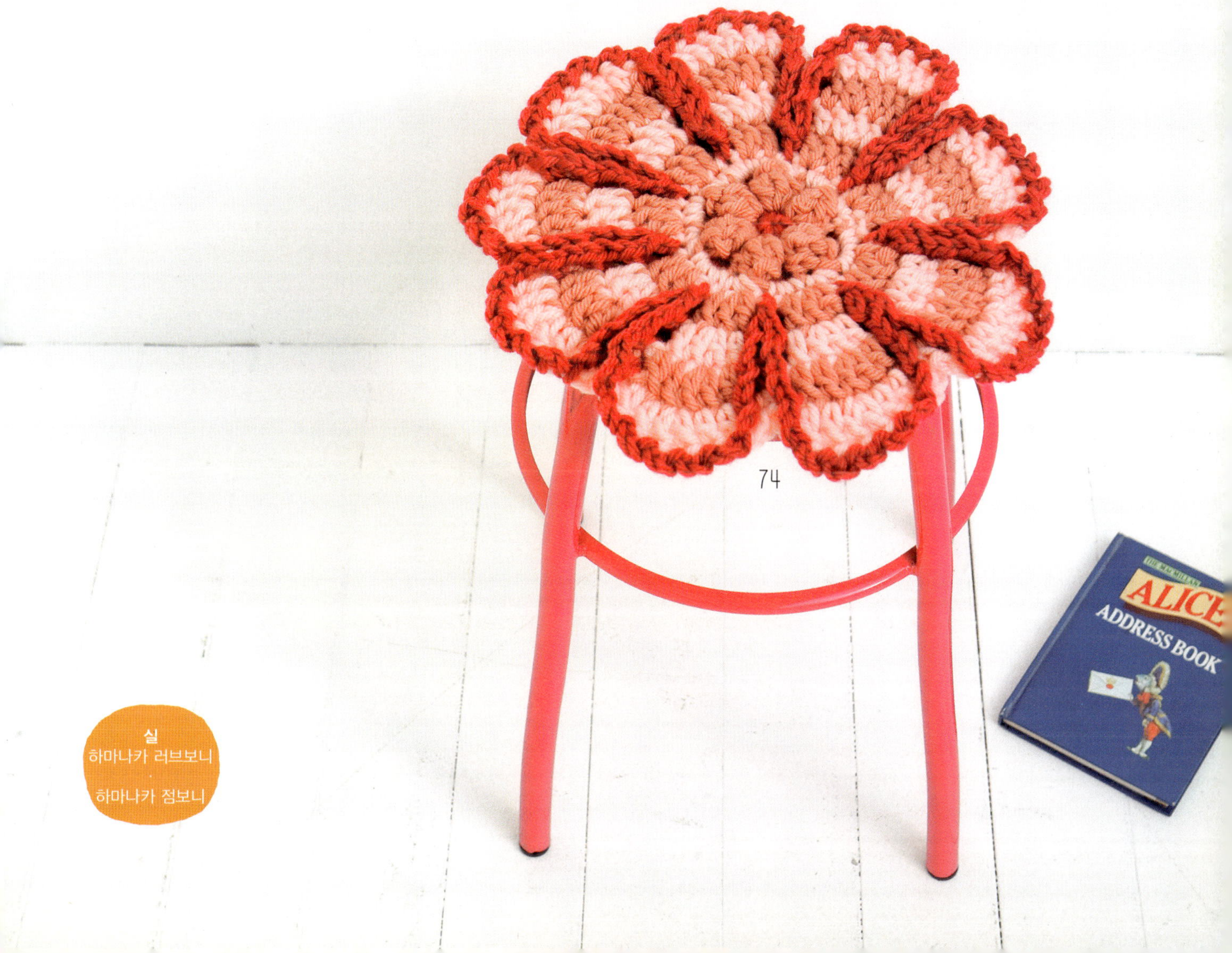

74

★ **실** 하마나카 러브보니 올리브그린(213) 120g · 아이보리(201) 50g

★ **바늘** 코바늘 6/0호

★ **완성치수** 51cm×40.5cm

★ **게이지** 16.5코 15.5단 배색뜨기(짧은뜨기)

뜨는 방법

❶ 사슬뜨기 시작코를 만든 다음 짧은뜨기의 배색뜨기로 도안처럼 뜹니다.

❷ 계속해서 주위에 가장자리뜨기를 뜹니다.

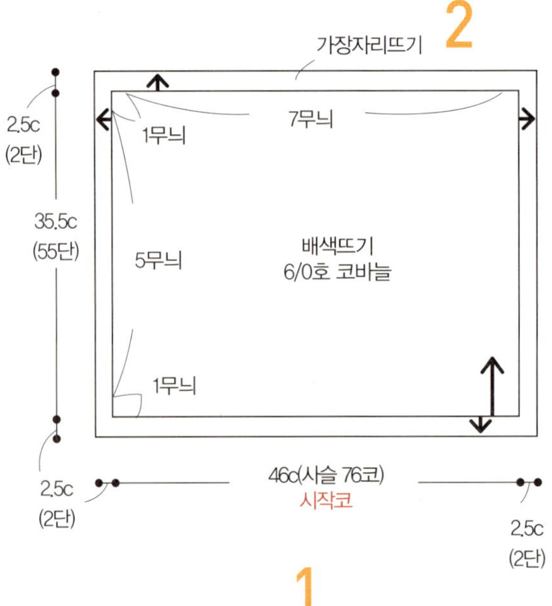

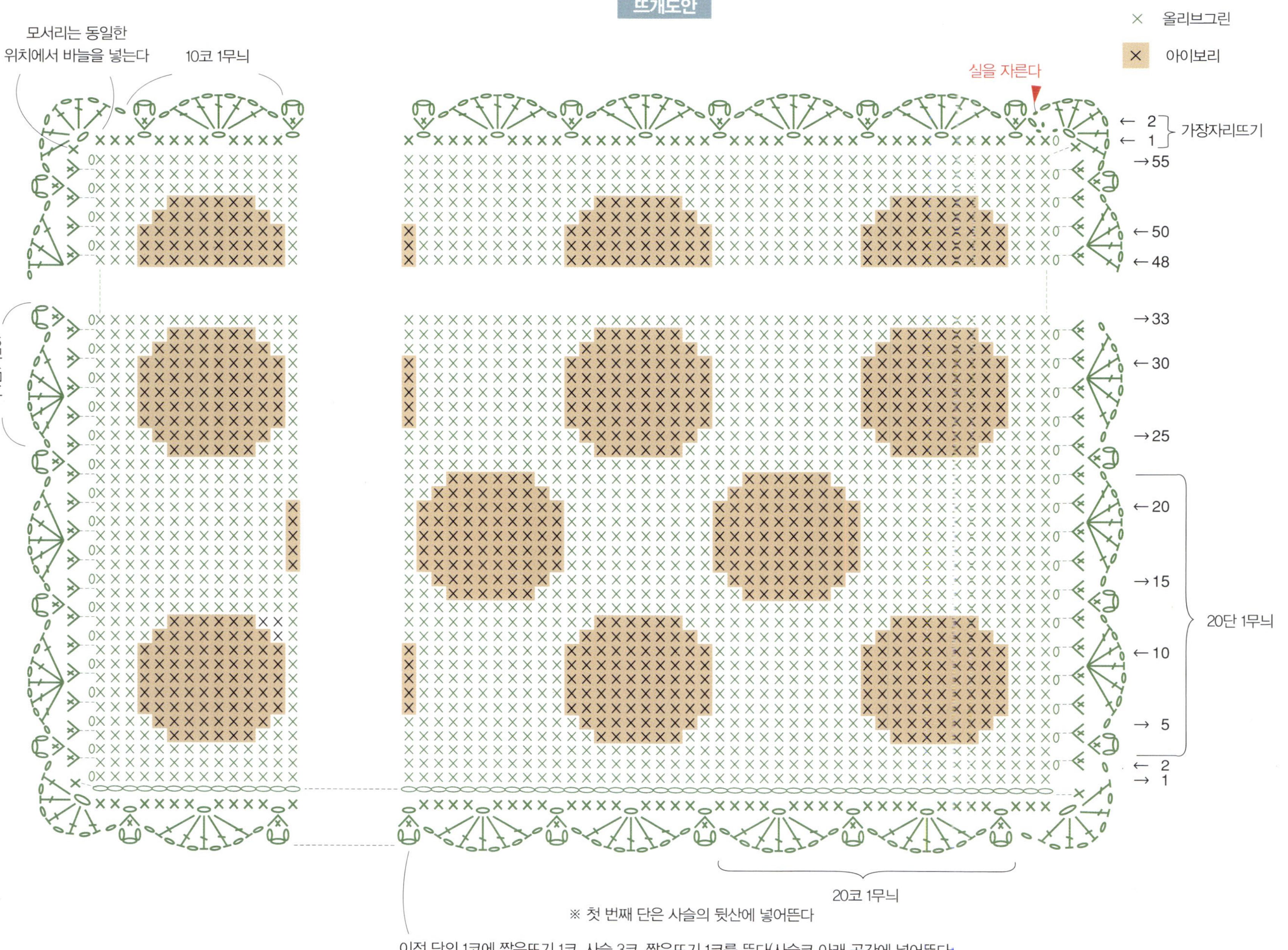

뜨개도안
× 올리브그린
× 아이보리
실을 자른다
모서리는 동일한 위치에서 바늘을 넣는다
10코 1무늬
가장자리뜨기
← 2
← 1
→ 55
← 50
← 48
→ 33
← 30
→ 25
← 20
→ 15
← 10
→ 5
← 2
→ 1
20단 1무늬
10단 1무늬
20코 1무늬
※ 첫 번째 단은 사슬의 뒷산에 넣어뜬다
이전 단의 1코에 짧은뜨기 1코, 사슬 3코, 짧은뜨기 1코를 뜬다(사슬코 아래 공간에 넣어뜬다)
121

★ **실** 하마나카 러브보니 72 크림색(204) 7g · 아이보리(201) · 금색(206) 각 6g

　　　73 연분홍색(209) 7g · 아이보리(201) · 분홍색(210) 각 6g

　하마나카 점보니 74 회분홍색(10) 47g · 연분홍색(9) 42g · 레드핑크(7) 41g

★ **바늘** 72·73 코바늘 6/0호　74 10mm 코바늘

★ **완성치수** 72·73 지름 18cm　74 지름 38cm

뜨는 방법

❶ 본판은 원형뜨기 시작코를 만든 다음 도안처럼 실을 바꿔서 뜹니다.
　(팝콘뜨기는 15쪽 참고)

❷ 장식은 도안처럼 바깥둘레에서 중앙을 향해 뜹니다.

72·73 6/0호 코바늘
74 10mm 코바늘

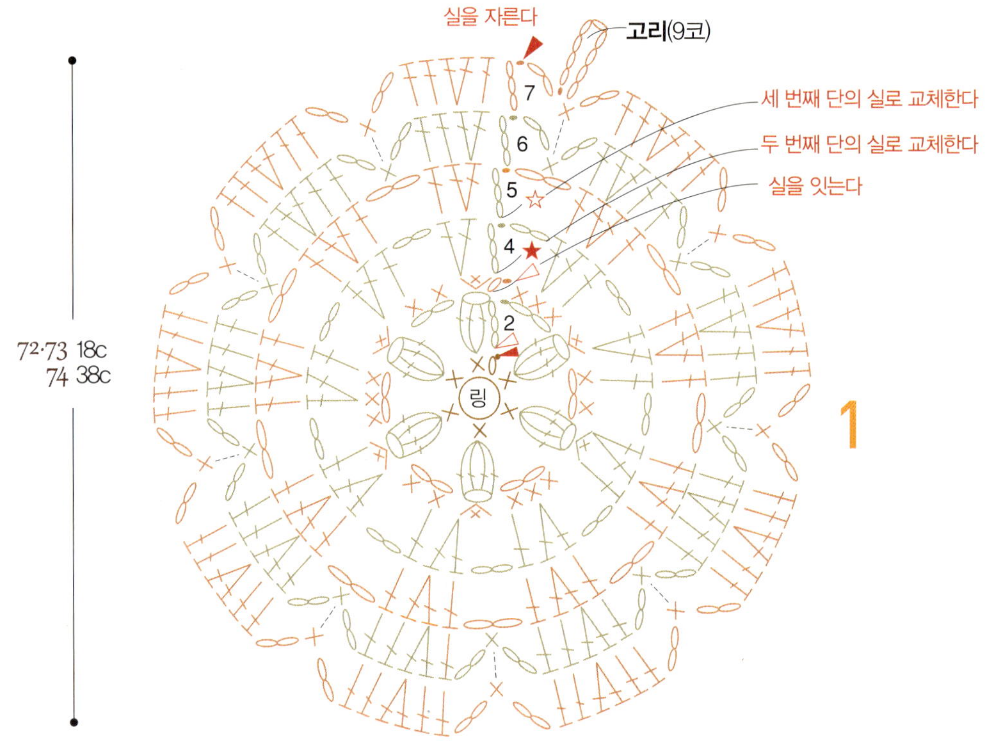

	배색		
	72	73	74
1단	금색	분홍색	레드핑크
2단	크림색	연분홍색	회분홍색
3단	아이보리	아이보리	연분홍색
4단	크림색	연분홍색	회분홍색
5단	아이보리	아이보리	연분홍색
6단	크림색	연분홍색	회분홍색
7단	아이보리	아이보리	연분홍색

장식 뜨개도안

72·73 6/0호 코바늘
74 10mm 코바늘
72 금색
73 분홍색
74 레드핑크

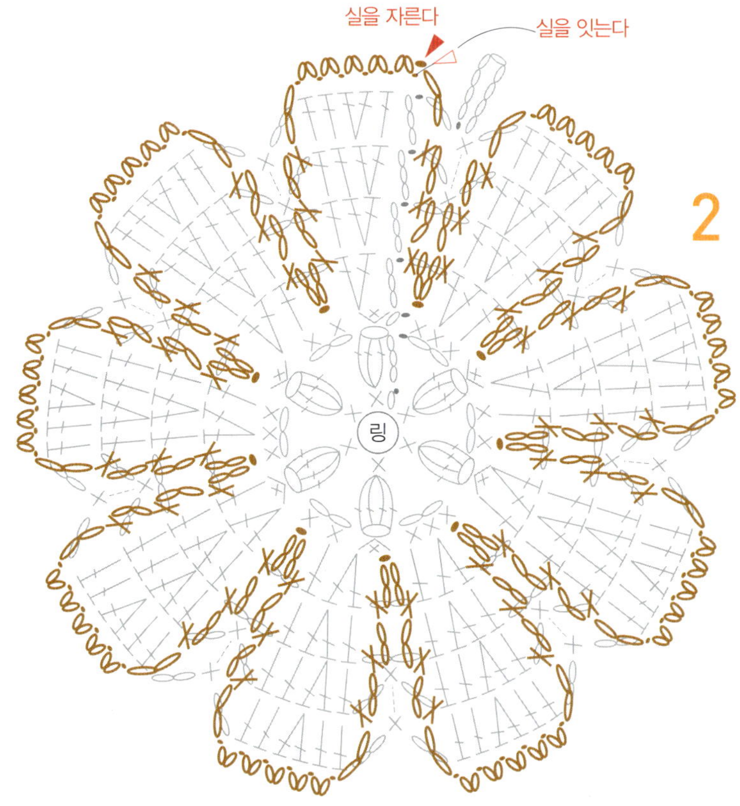

※ 짧은뜨기는 사슬코 아래 공간에 넣어뜬다

75　　　　76　　　　77

소품 바구니

여러 가지 크기로 뜬 손잡이가 달린 소품 바구니예요.
한쪽에만 손잡이를 단 가장 작은 사이즈의 바구니는
컵홀더로도 사용할 수 있어요.

장바구니

모노톤의 배색으로 멋스럽게 뜬 사각 모티프를 비스듬하게 연결해서 만든 장바구니입니다.
아크릴 털실은 물에 젖어도 되니 더러워져도 손쉽게 세탁할 수 있어서 안심이에요.

★ **실** 하마나카 보니 **75** 남색(473) 22g · 베이지(417) 15g **76** 베이지(417) 15g · 올드로즈(489) 12g
　　77 체리핑크(464) 11g · 베이지(417) 3g

★ **바늘** 코바늘 7.5/0호

★ **완성치수** **75** 바닥면의 지름 12.5cm 높이 5cm **76** 바닥면의 지름 9.5cm 높이 5cm
　　77 바닥면의 지름 7cm 높이 4cm

뜨는 방법

❶ 원형뜨기 시작코를 만든 다음 도안처럼 뜹니다. (되돌려 짧은뜨기는 15쪽 참고)

❷ 계속해서 가장자리뜨기와 손잡이를 뜹니다. 작품 77은 도안처럼 손잡이를 옆면에 고정시킵니다.

배색			
	75	76	77
a색	남색	베이지	체리핑크
b색	베이지	올드로즈	베이지

75 본판

7.5/0호 코바늘

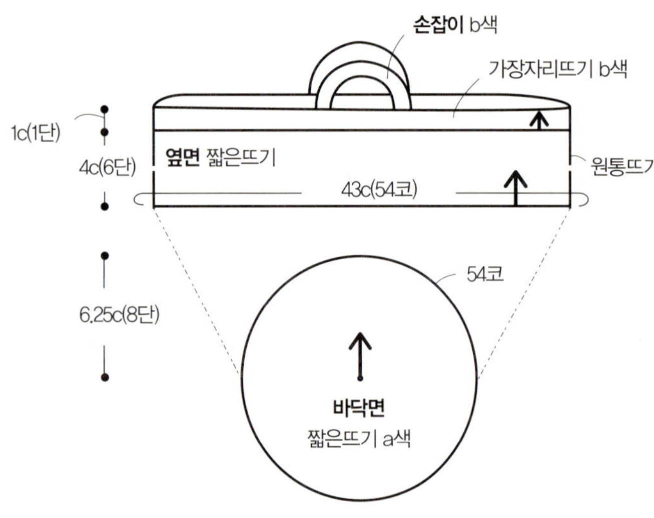

76 본판

7.5/0호 코바늘

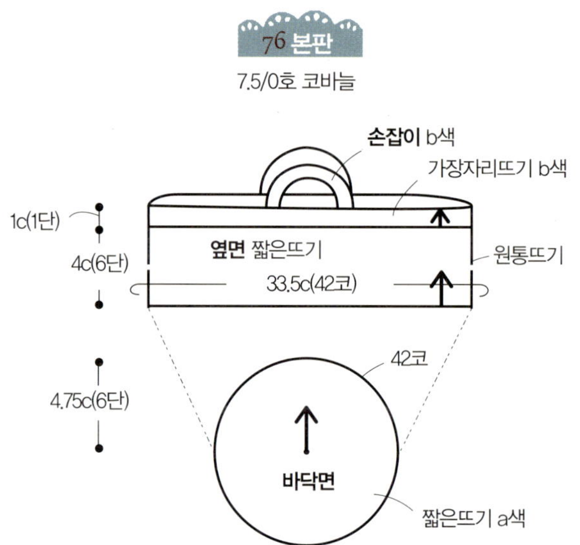

77 본판

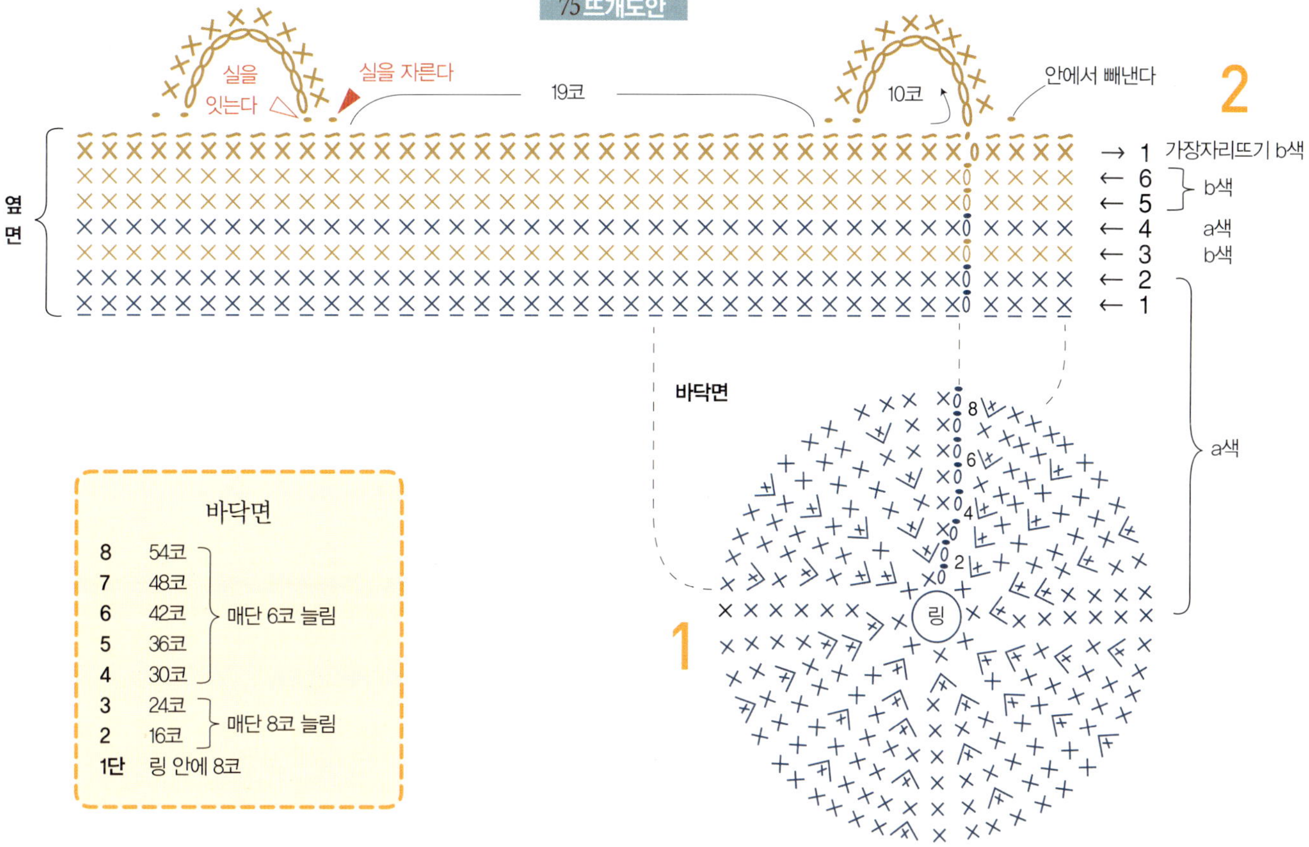

7.5/0호 코바늘

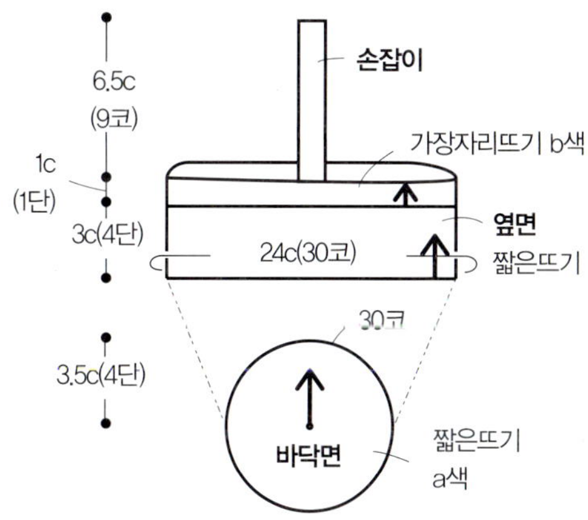

76 뜨개도안

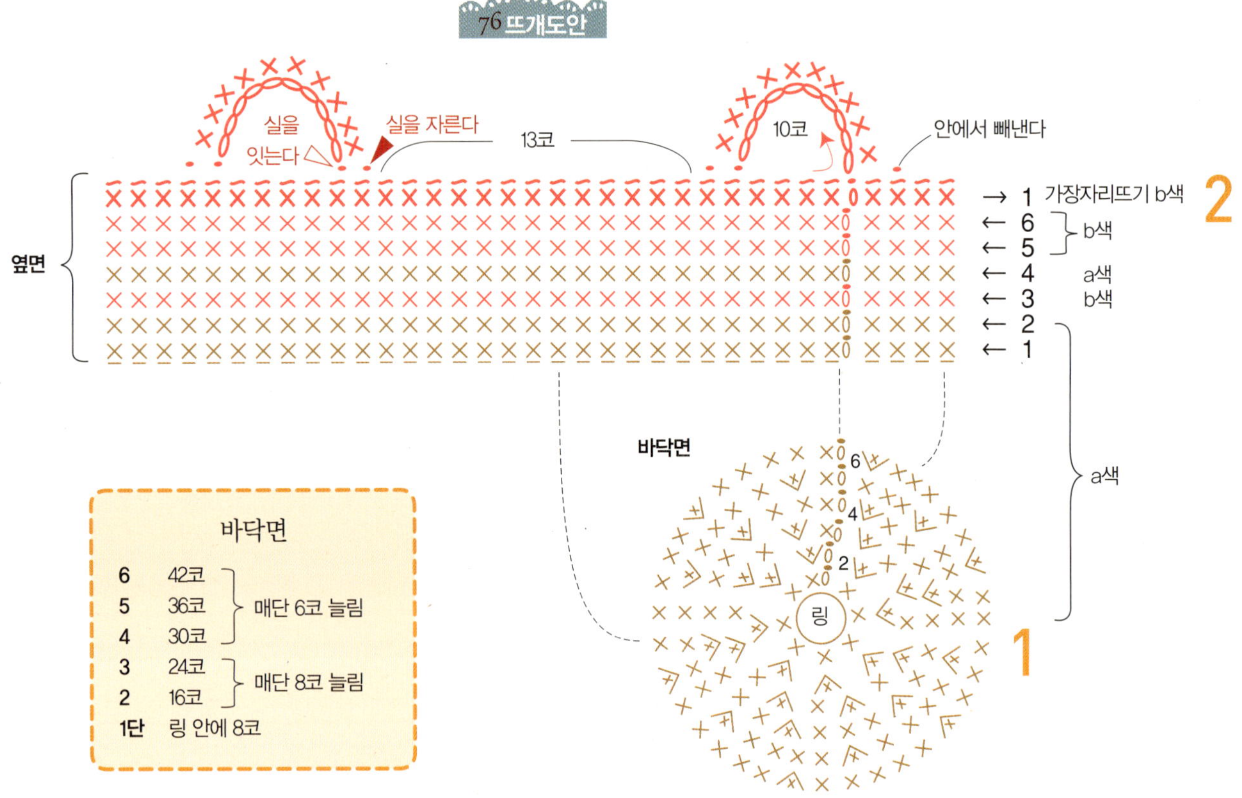

바닥면

6	42코	
5	36코	매단 6코 늘림
4	30코	
3	24코	매단 8코 늘림
2	16코	
1단	링 안에 8코	

77 손잡이 달기

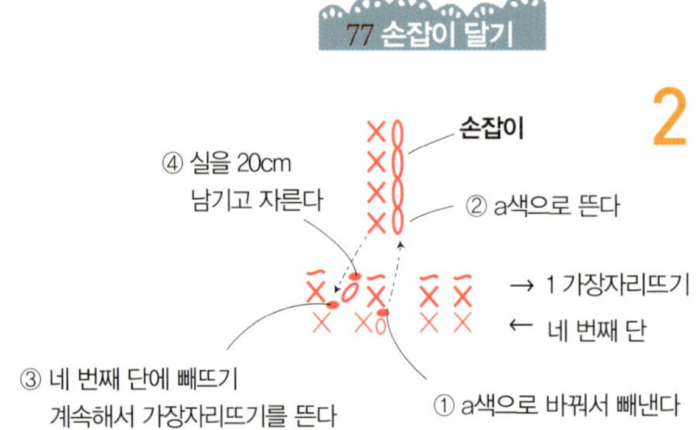

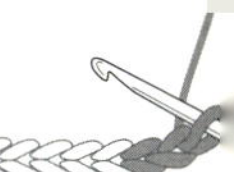

77 뜨개도안

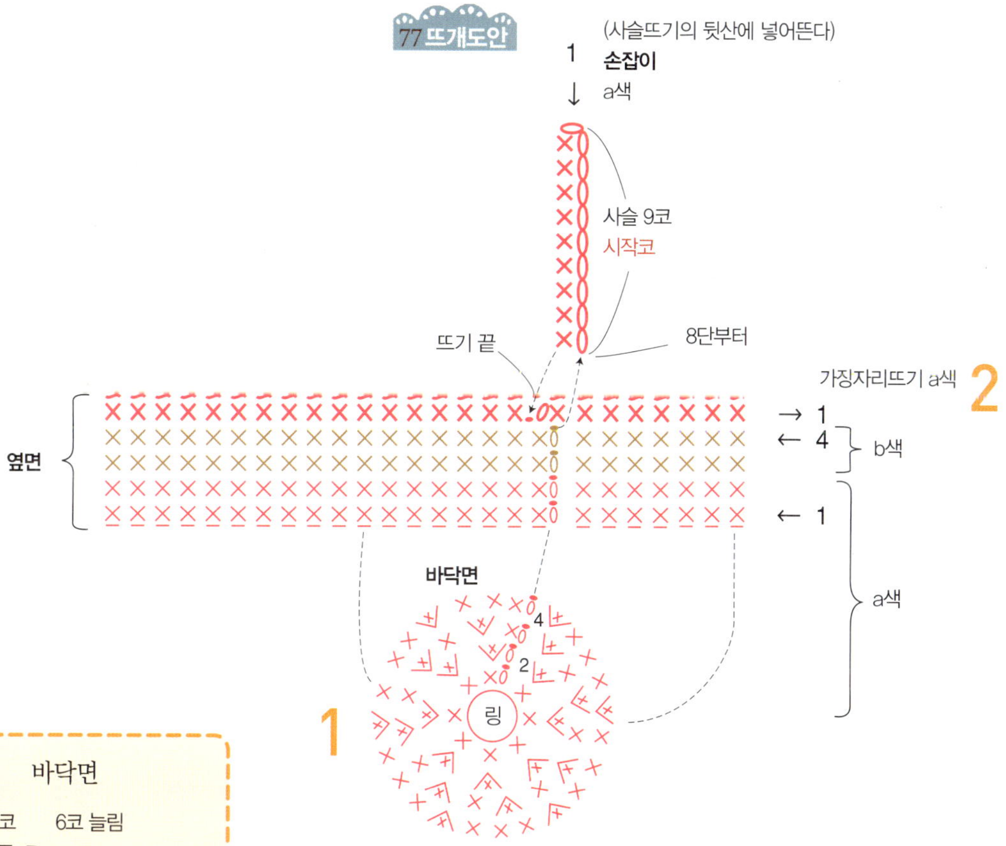

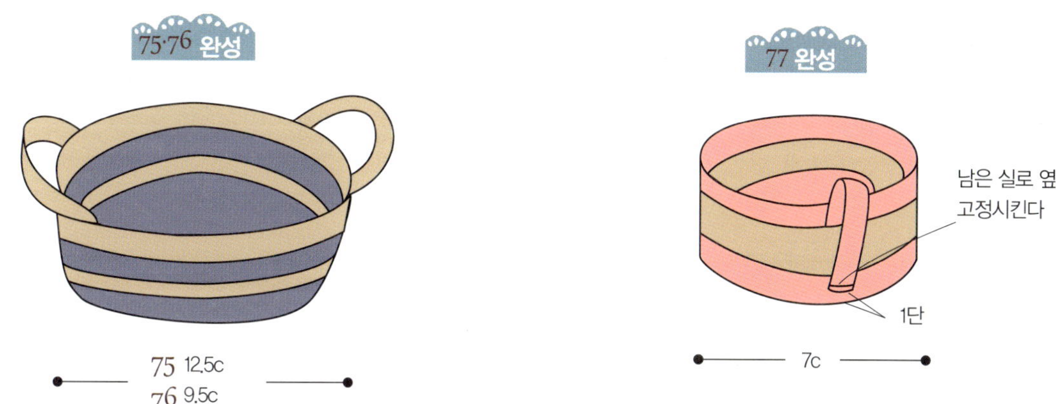
(사슬뜨기의 뒷산에 넣어뜬다)
1 손잡이
a색
사슬 9코
시작코
뜨기 끝
8단부터
가장자리뜨기 a색
2
옆면
1
4 b색
1
a색
바닥면
4
2
링
1
바닥면
4   30코   6코 늘림
3   24코
2   16코   매단 8코 늘림
1단 링 안에 8코

75·76 완성
75 12.5c
76 9.5c

77 완성
남은 실로 옆면에
고정시킨다
1단
7c

★ **실** 하마나카 보니 아이보리(442) · 밝은 회색(486) 각 55g · 진회색(481) 50g

★ **바늘** 코바늘 7.5/0호

★ **완성치수** 폭 28cm 깊이 28cm

뜨는 방법

❶ 모티프는 원형뜨기 시작코를 만든 다음 도안처럼 실을 바꿔서 뜹니다.

❷ 두 번째 장부터는 마지막 단에서 연결하면서 도안처럼 뜹니다.
　(모티프 연결하기는 17쪽 참고)

❸ 손잡이는 본판의 도안 위치에 한길긴뜨기로 뜨고, 뜨기 끝부분을 감침질로
　꿰맵니다.

배색	
1단	아이보리
2단	밝은 회색
3단	아이보리
4단	진회색

본판

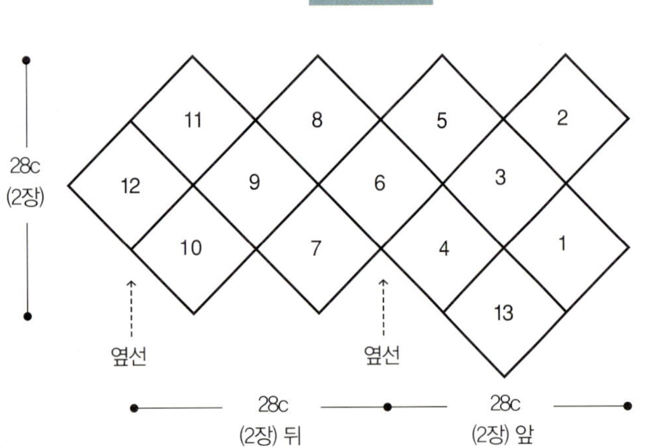

모티프 뜨개도안

7.5/0호 코바늘 13장

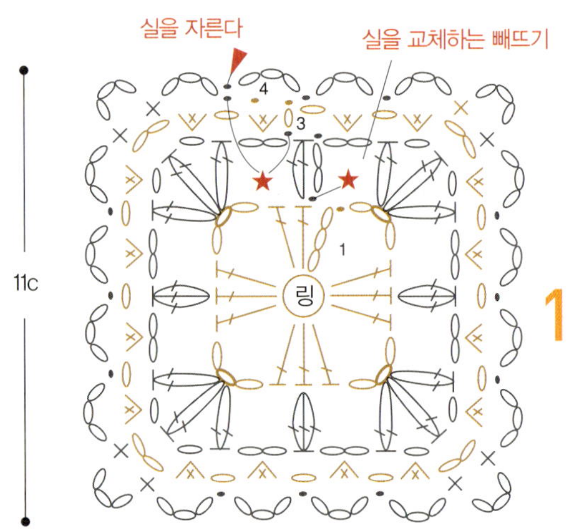

손잡이

7.5/0호 코바늘 진회색

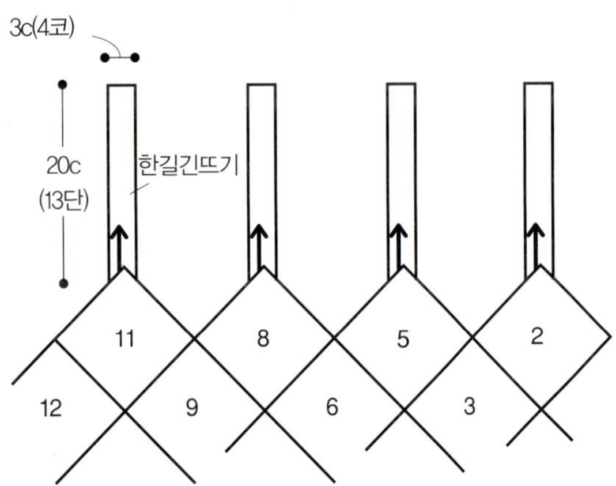

※ 네 번째 단의 빼뜨기는 이전 단의 사슬 아래 공간에 넣어뜬다
　모서리의 방울뜨기는 이전 단의 사슬(◯)의 반코와 뒷산에 넣어뜬다

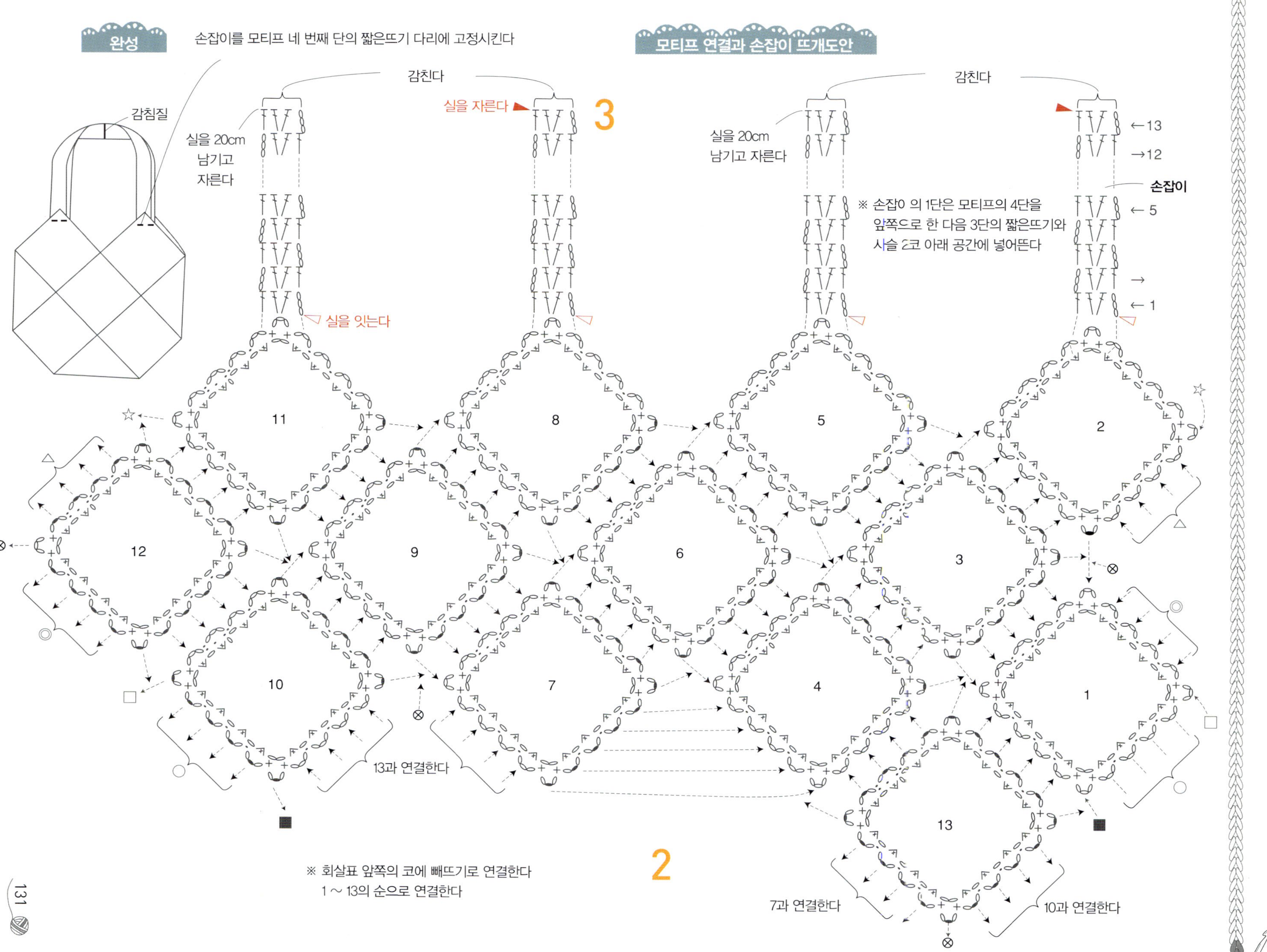
완성
감침질
손잡이를 모티프 네 번째 단의 짧은뜨기 다리에 고정시킨다
모티프 연결과 손잡이 뜨개도안
감친다
감친다
실을 자른다
실을 20cm 남기고 자른다
실을 20cm 남기고 자른다
3
←13
→12
손잡이
← 5
→
← 1
※ 손잡0 의 1단은 모티프의 4단을
앞쪽으로 한 다음 3단의 짧은뜨기와
사슬 2코 아래 공간에 넣어뜬다
실을 잇는다
11
8
5
2
12
9
6
3
10
7
4
1
13
13과 연결한다
2
※ 회살표 앞쪽의 코에 빼뜨기로 연결한다
1 ～ 13의 순으로 연결한다
7과 연결한다
10과 연결한다
131

실용 생활용품 2

79

백곰 핫팩 커버

줄무늬 옷과 귀에 단 리본이 귀여운 백곰 모양 핫팩 커버입니다.
핫팩을 넣거나 꺼낼 때는 뒤쪽의 단추를 열면 된답니다.
아이가 사용할 때는 물이 너무 뜨겁지 않도록 주의해주세요.

★ **실** 하마나카 보니 복숭아색(413) 71g · 아이보리(442) 70g · 체리핑크(464) 37g · 밤색(419) 2g

★ **바늘** 코바늘 7.5/0호

★ **기타 재료** 단추 (지름 2cm) 3개

★ **완성치수** 그림 참조

★ **게이지** 12.5코 14.5단(짧은뜨기)

뜨는 방법

❶ 뒤쪽 아랫부분은 사슬뜨기 시작코를 만든 다음 짧은뜨기로 도안처럼 뜹니다.

❷ 본판은 사슬뜨기 시작코를 만든 다음 짧은뜨기로 바닥을 16단 뜨고,
입구를 28코 쉬어둡니다.

❸ 뒤쪽 윗부분은 뒤쪽 아랫부분에서 코를 뜬 다음 앞쪽과 뒤쪽 윗부분을
원통으로 뜹니다.

❹ 귀 · 코 · 뺨은 원형뜨기 시작코를 만든 다음 짧은뜨기로 도안처럼 뜹니다.

❺ 리본은 사슬뜨기 시작코를 만든 다음 짧은뜨기로 도안처럼 뜹니다.

❻ 각 부분을 본판에 단 다음 눈을 도안처럼 떠서 답니다.

배색	
a색	복숭아색
b색	체리핑크
c색	아이보리
d색	밤색

뒤쪽 아래

7.5/0호 코바늘
짧은뜨기 a색

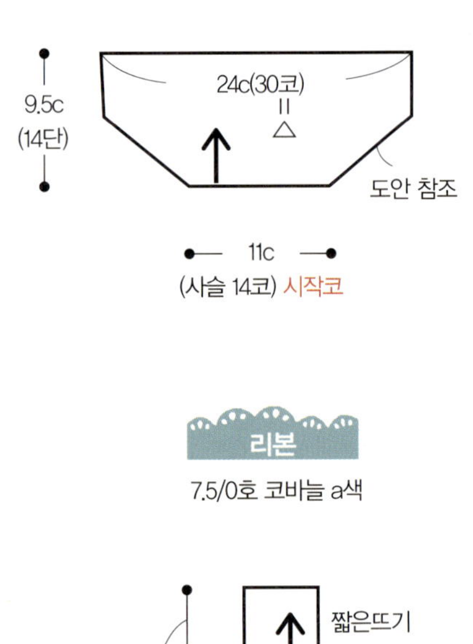

본판

7.5/0호 코바늘

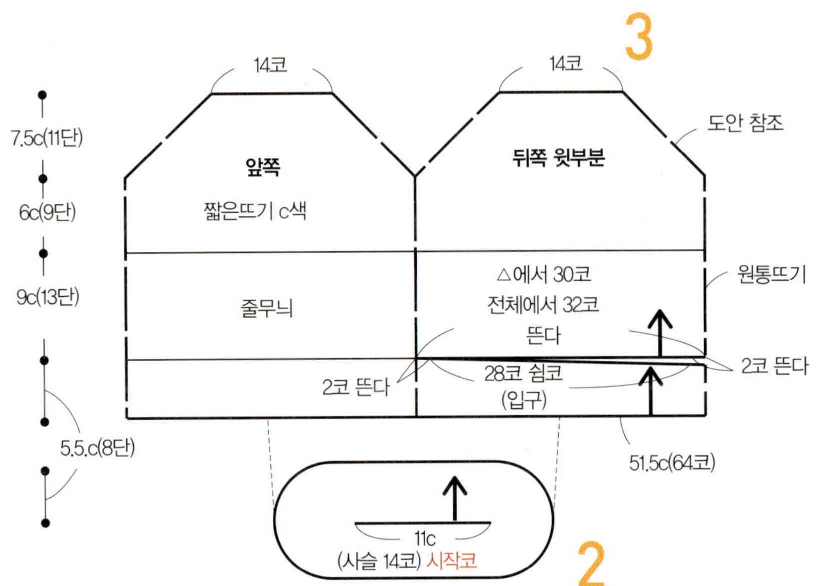

리본

7.5/0호 코바늘 a색

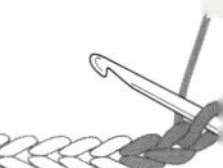

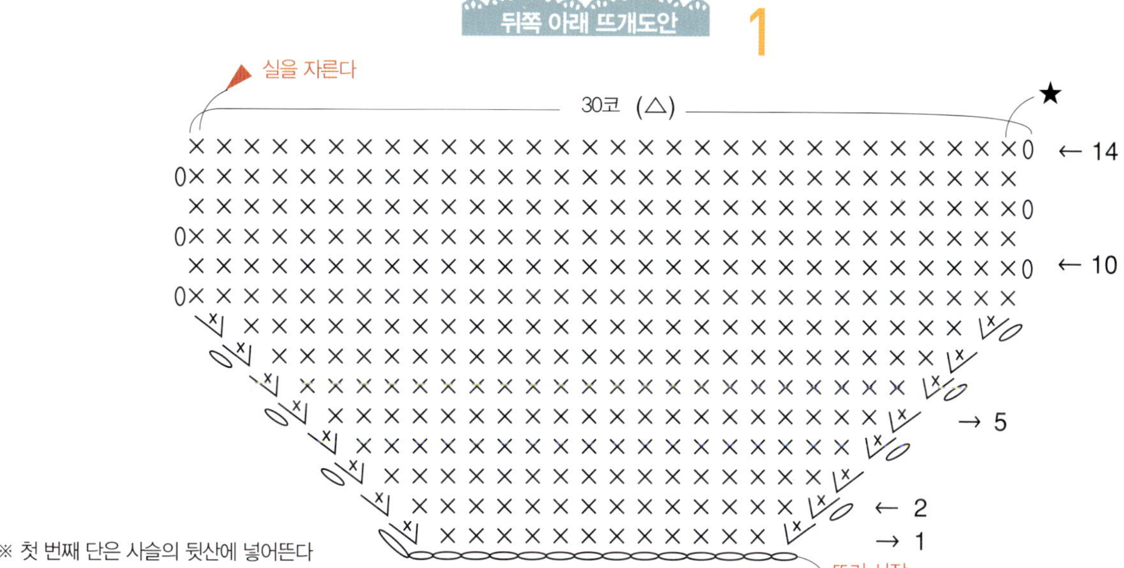

뒤쪽 아래 뜨개도안 1

※ 첫 번째 단은 사슬의 뒷산에 넣어뜬다

귀 4

7.5/0호 코바늘 c색 2장

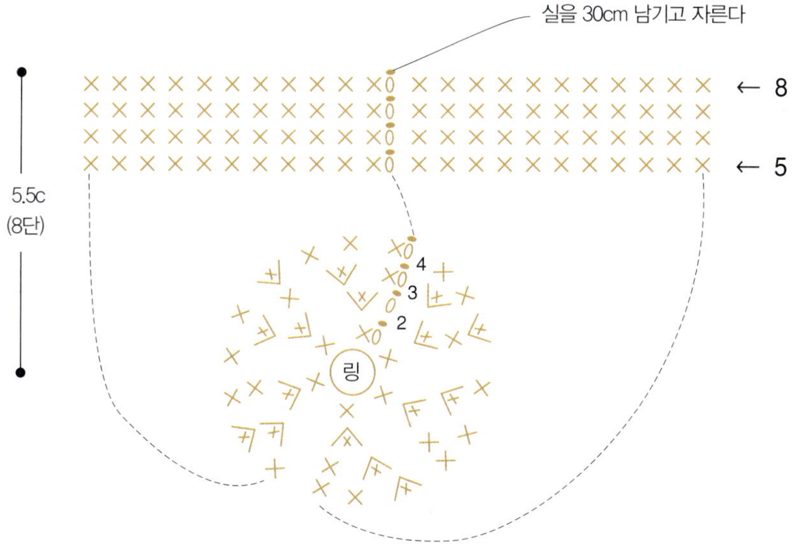

8	22코	증감 없이
≀	≀	
5	22코	
4	22코	4코 늘림
3	18코	매단 6코 늘림
2	12코	
1단	링 안에 6코	

리본 5

a색

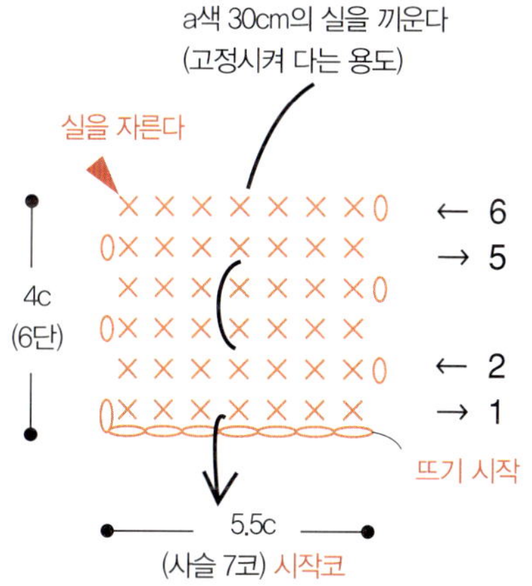

리본 만들기

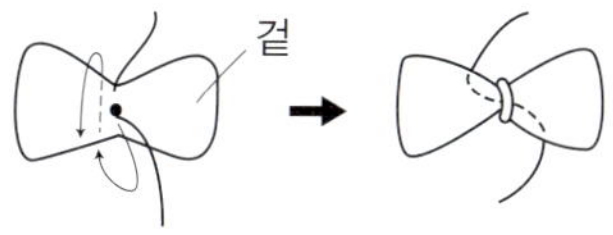

끼운 실로 묶은 다음 양쪽 실로 중앙을
1번씩 돌려서 안에서 묶는다

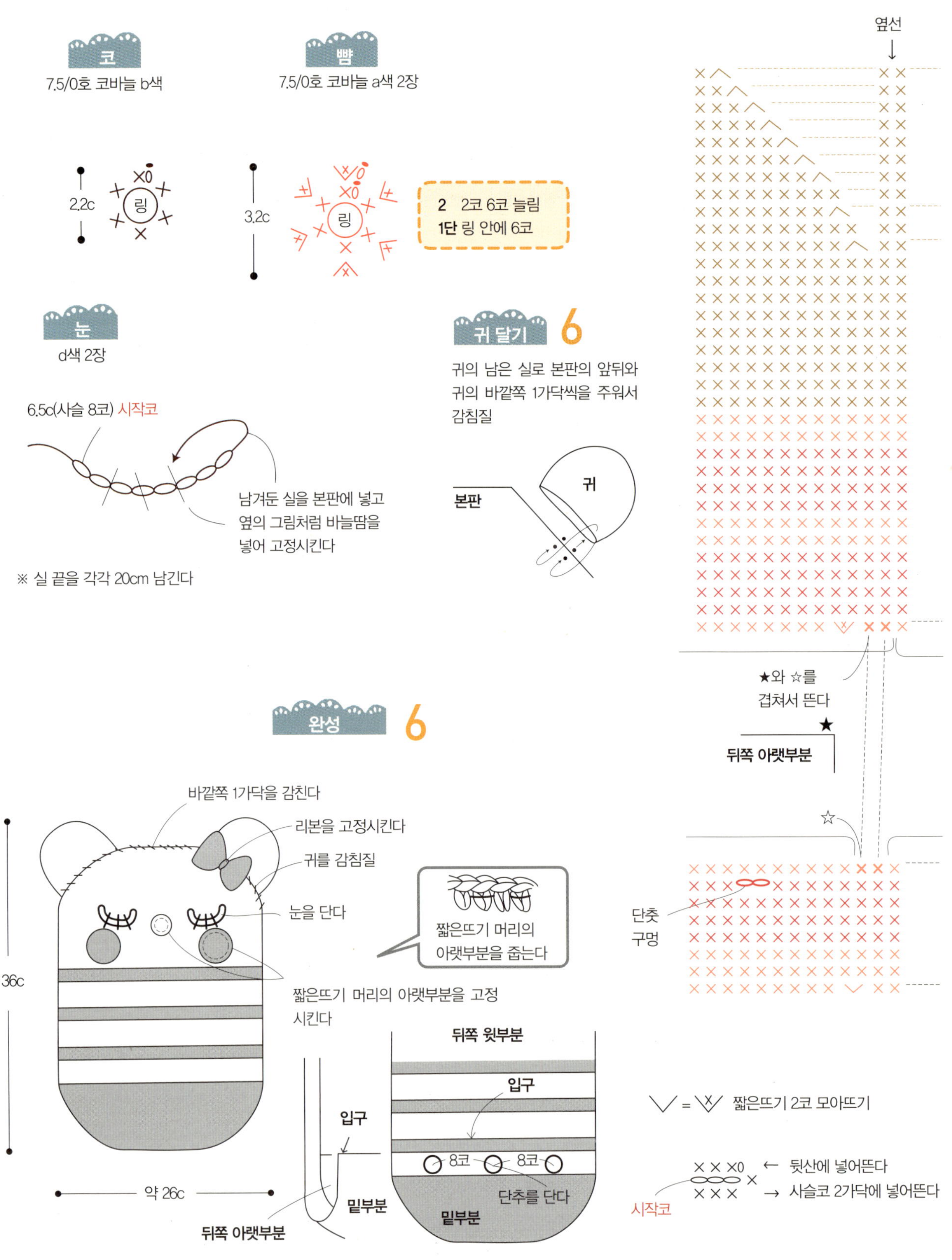
코
7.5/0호 코바늘 b색
2.2c
링
X0

뺨
7.5/0호 코바늘 a색 2장
3.2c
링
2 2코 6코 늘림
1단 링 안에 6코

눈
d색 2장
6.5c(사슬 8코) 시작코
남겨둔 실을 본판에 넣고 옆의 그림처럼 바늘땀을 넣어 고정시킨다
※ 실 끝을 각각 20cm 남긴다

귀 달기 6
귀의 남은 실로 본판의 앞뒤와 귀의 바깥쪽 1가닥씩을 주워서 감침질
본판
귀

옆선
★와 ☆를 겹쳐서 뜬다
★
뒤쪽 아랫부분
☆
단춧 구멍

완성 6
바깥쪽 1가닥을 감친다
리본을 고정시킨다
귀를 감침질
눈을 단다
짧은뜨기 머리의 아랫부분을 줍는다
짧은뜨기 머리의 아랫부분을 고정시킨다
약 36c
약 26c
입구
밑부분
뒤쪽 아랫부분

뒤쪽 윗부분
입구
8코 8코
단추를 단다
밑부분

∨ = 짧은뜨기 2코 모아뜨기
X X X0 ← 뒷산에 넣어뜬다
→ 사슬코 2가닥에 넣어뜬다
시작코

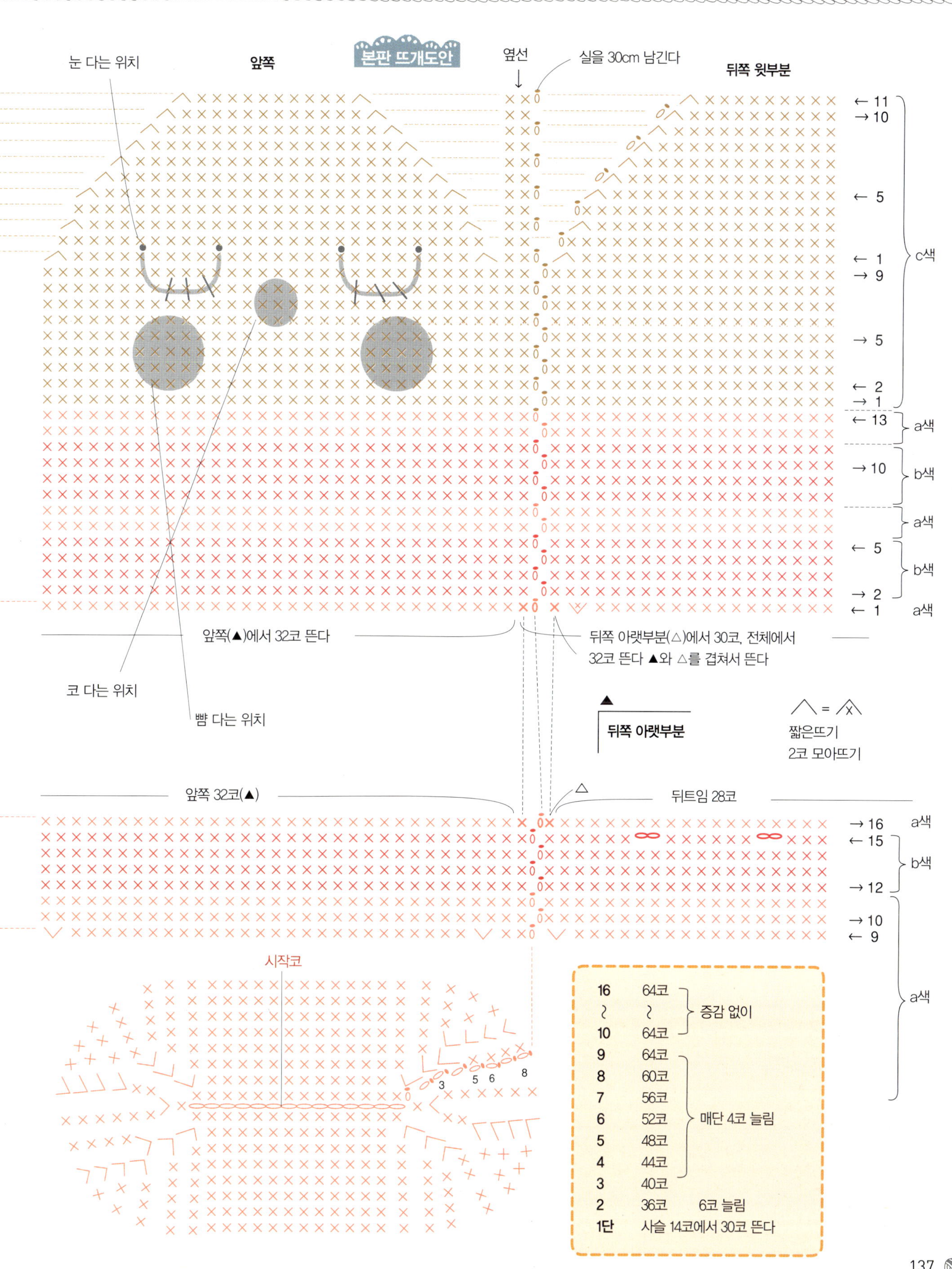

눈 다는 위치
앞쪽
본판 뜨개도안
옆선
실을 30cm 남긴다
뒤쪽 윗부분
← 11
→ 10
← 5
← 1
→ 9
→ 5
← 2
← 1
c색
← 13
a색
→ 10
b색
a색
← 5
b색
→ 2
a색
← 1
앞쪽(▲)에서 32코 뜬다
뒤쪽 아랫부분(△)에서 30코, 전체에서
32코 뜬다 ▲와 △를 겹쳐서 뜬다
코 다는 위치
뺨 다는 위치
▲
뒤쪽 아랫부분
∧ = ⋀
짧은뜨기
2코 모아뜨기
앞쪽 32코(▲)
△
뒤트임 28코
→ 16
a색
← 15
b색
→ 12
→ 10
← 9
a색
시작코
3 5 6 8
16   64코
~   ~   증감 없이
10   64코
9   64코
8   60코
7   56코
6   52코   매단 4코 늘림
5   48코
4   44코
3   40코
2   36코   6코 늘림
1단   사슬 14코에서 30코 뜬다

실
하마나카 보니

리본 장식 실내화

발등 부분만 방울뜨기로 뜬 깜찍한 실내화예요.
아이보리 실로 가장자리와 리본을 떠서 산뜻하게 포인트를 주었습니다.
엄마와 아이가 커플로 신으면 더욱 좋아요.

80

리본 장식 실내화
(성인용)

★ **실** 하마나카 보니 회색(411) 87g · 아이보리(442) 10g

★ **바늘** 코바늘 7.5/0호

★ **기타 재료** 단추(지름 1.5cm) 2개

★ **완성치수** 길이 23cm

뜨는 방법

❶ 본판의 바닥 부분은 사슬뜨기 시작코를 만든 다음 짧은뜨기로 도안처럼 옆면까지 뜹니다.

❷ 계속해서 발등을 무늬뜨기로 도안처럼 뜹니다. 3단까지는 옆면에서 뜨고 네 번째 단부터는 발등만 뜹니다.

❸ 옆면과 발등을 감침질로 꿰맨 다음 가장자리뜨기를 뜹니다.

❹ 리본을 도안처럼 뜬 다음 중앙에 단추를 겹치고 발등에 답니다.

7.5/0호 코바늘 a색 2장

배색	
a색	회색
b색	아이보리

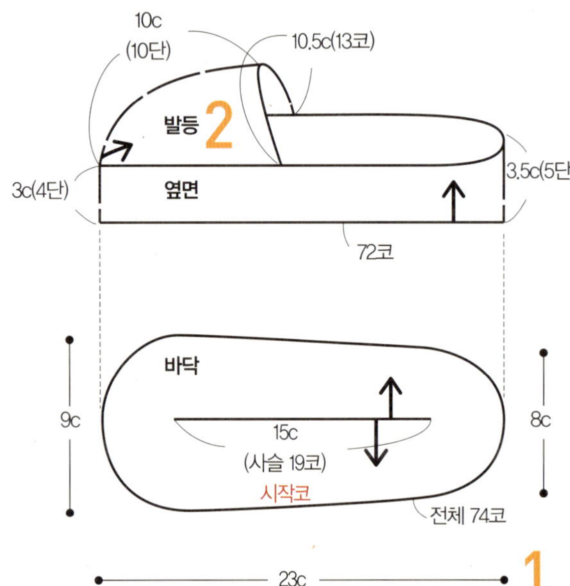

3 발등과 옆면 꿰매기

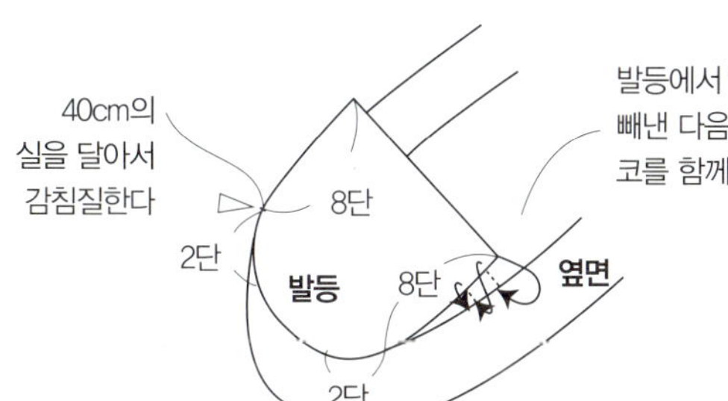

가장자리뜨기 b색

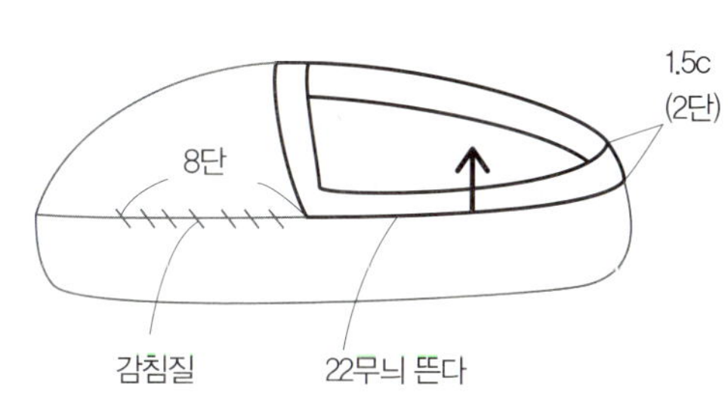

리본 뜨기

7.5/0호 코바늘 b색 2장

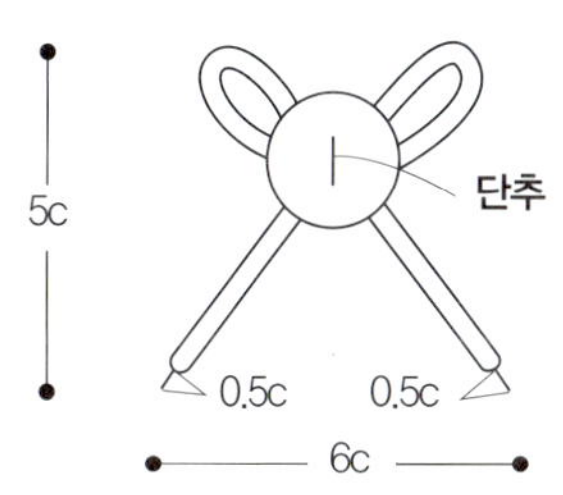

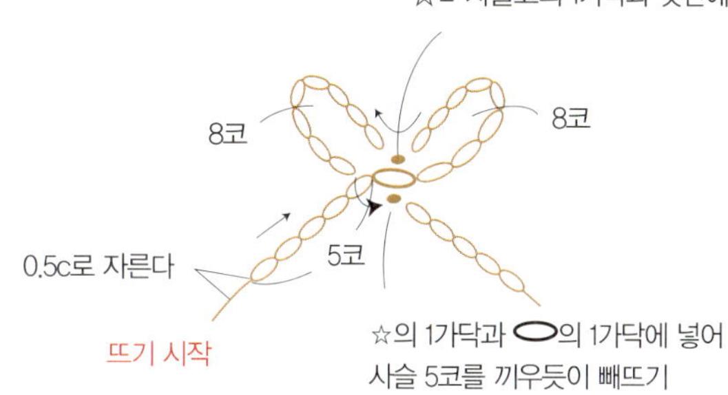

완성 4

b색으로 만든 리본의
중앙에 단추를 올려놓고
발등에 단다

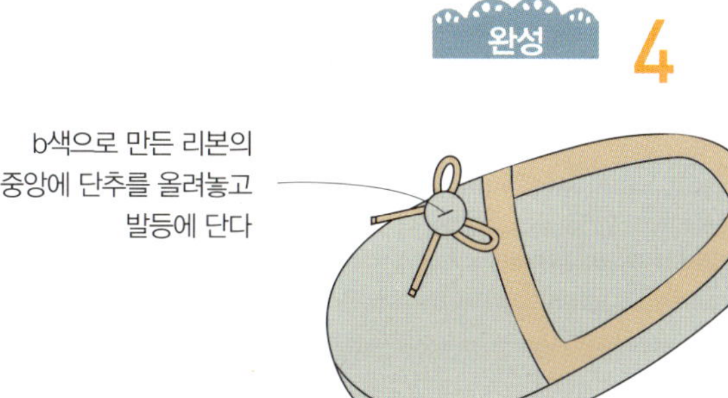

본판 뜨개도안

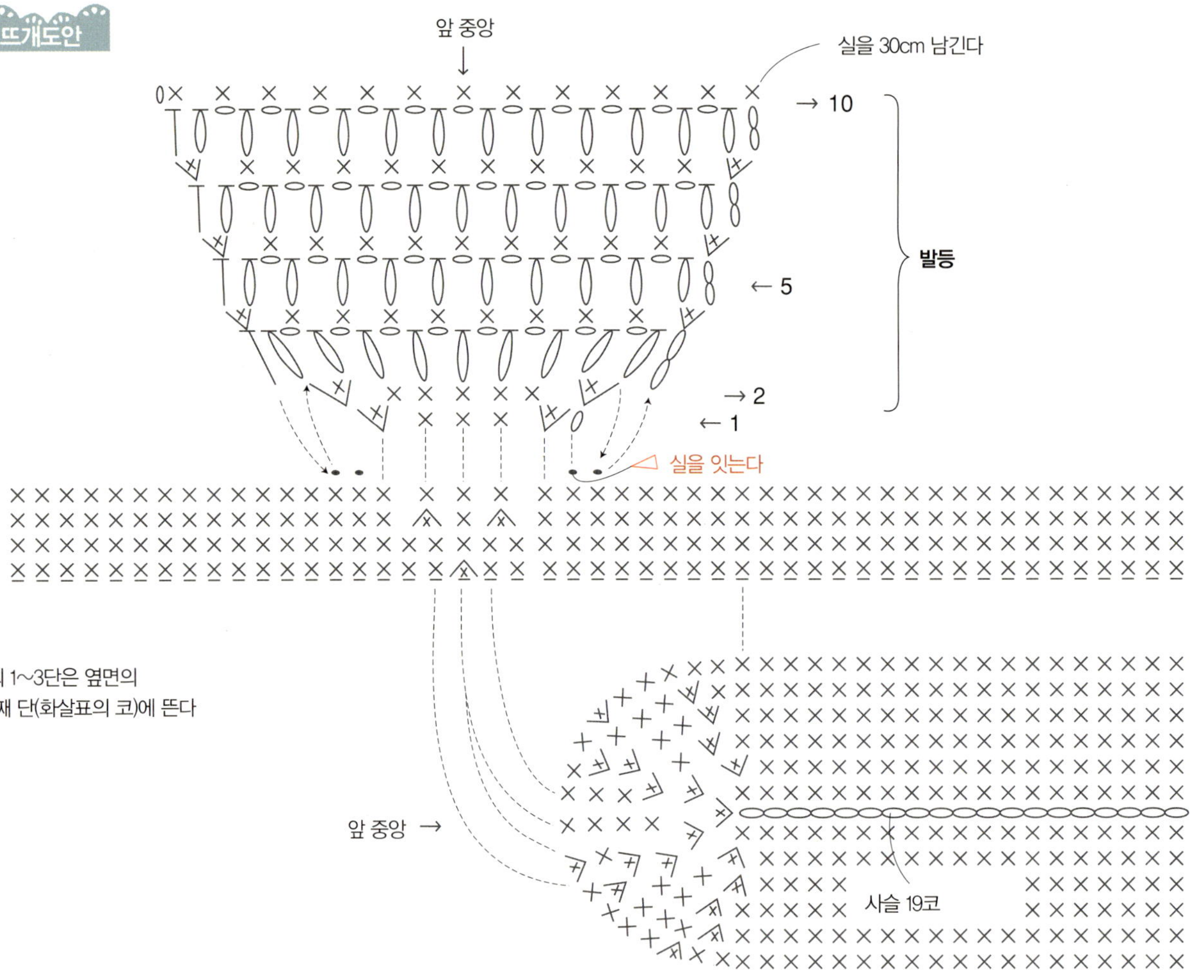

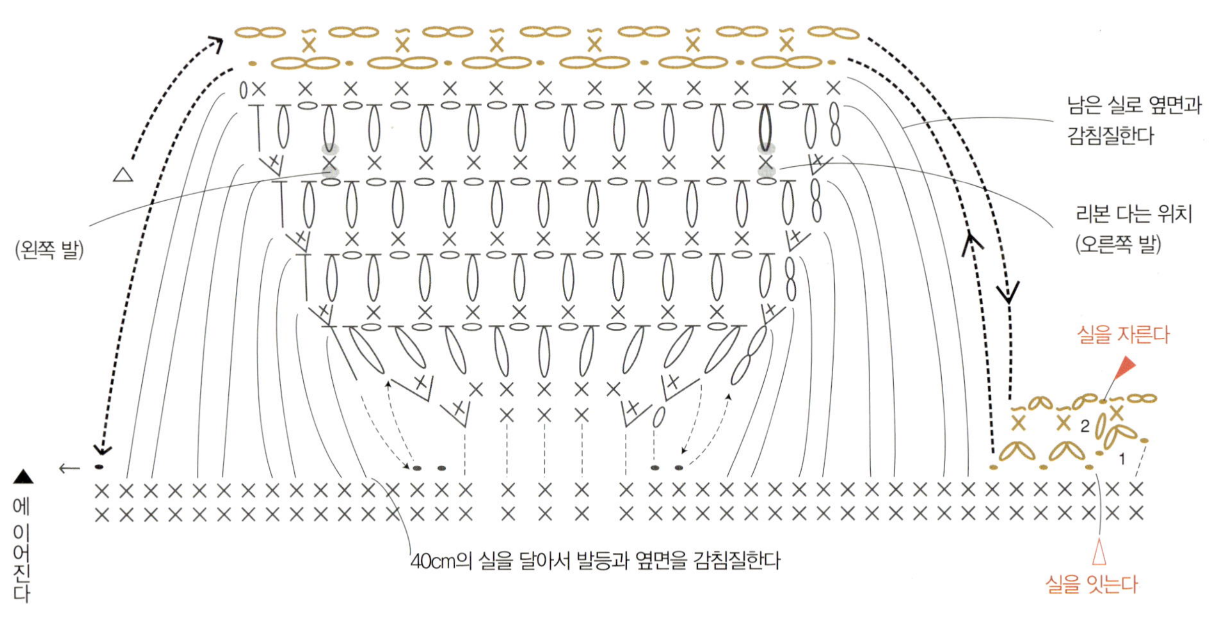
앞 중앙
실을 30cm 남긴다
→ 10
← 5
발등
→ 2
← 1
실을 잇는다
※ 발등의 1~3단은 옆면의
네 번째 단(화살표의 코)에 뜬다
앞 중앙 →
사슬 19코

가장자리 뜨개도안

남은 실로 옆면과
감침질한다
리본 다는 위치
(오른쪽 발)
실을 자른다
실을 잇는다
(왼쪽 발)
△
▲
에이어진다
40cm의 실을 달아서 발등과 옆면을 감침질한다

발등

10	13코	
9	25코	
8	14코	
7	23코	증감코는 도안 참조
6	13코	
5	21코	
4	12코	
3	19코	10코 늘림
2	9코	2코 늘림
1단	7코 뜬다	

바닥

6	74코	6코 늘림
5	68코	매단 7코 늘림
4	61코	
3	54코	매단 6코 늘림
2	48코	
1단	사슬 19코에서 42코 뜬다	

옆면

5	9코(뒤쪽만)
4	68코 증감 없이
3	68코 4코 줄임
2	72코 증감 없이
1단	72코 뜬다(2코 줄임)

뒤쪽만 9코 뜬다

실을 자른다

옆면

→ 5
→ 4
←
→ 2
← 1

줄기뜨기

← 뒤 중앙

1무늬

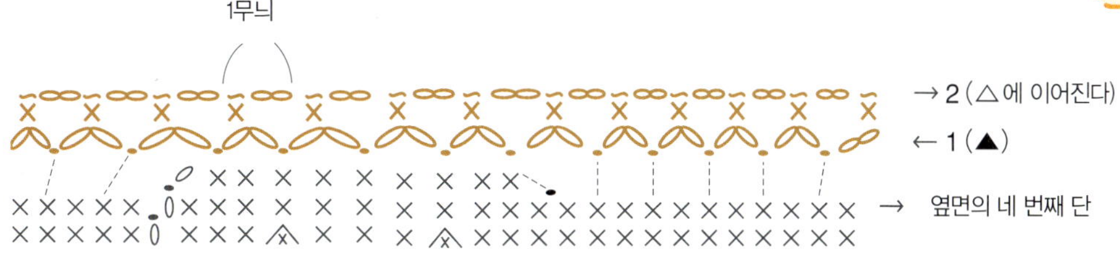

→ 2 (△에 이어진다)

← 1 (▲)

→ 옆면의 네 번째 단

★ **실** 하마나카 보니 올드로즈(489) 53g · 아이보리(442) 8g

★ **바늘** 코바늘 7.5/0호

★ **기타 재료** 단추(지름 1.5cm) 2개

★ **완성치수** 길이 14cm

뜨는 방법

❶ 본판의 바닥 부분은 사슬뜨기 시작코를 만든 다음 짧은뜨기로 도안처럼 옆면까지 뜹니다.

❷ 계속해서 발등을 무늬뜨기로 도안처럼 뜹니다. 3단까지는 옆면에서 뜨고 네 번째 단부터는 발등만 뜹니다.

❸ 옆면과 발등을 감침질로 꿰맨 다음 가장자리뜨기를 뜹니다.

❹ 리본을 도안처럼 뜬 다음 중앙에 단추를 겹치고 발등에 답니다.

7.5/0호 코바늘 a색 2장

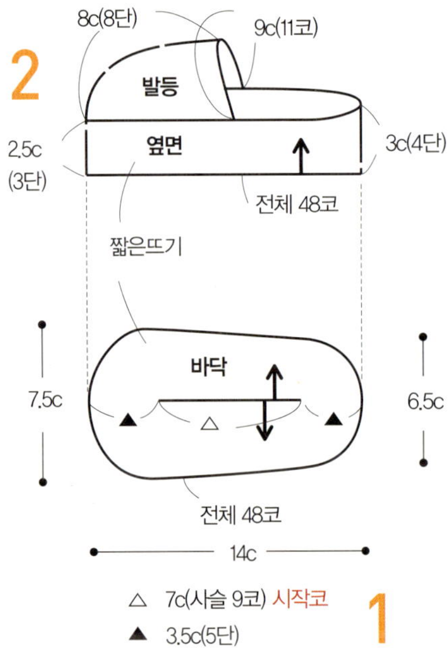

배색	
a색	올드로즈
b색	아이보리

3

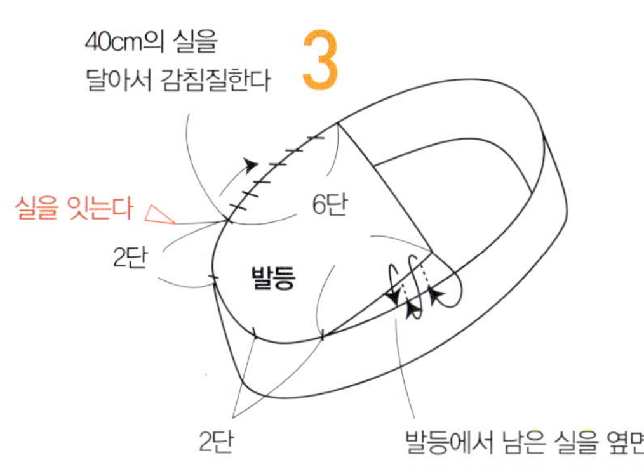

b색 **3**

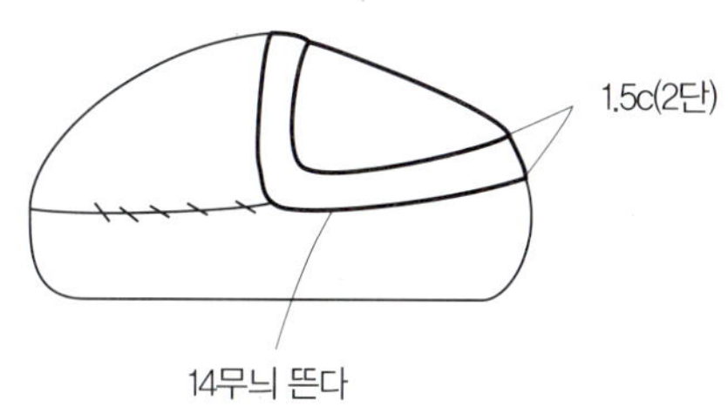

7.5/0호 코바늘 b색 2장 **4**

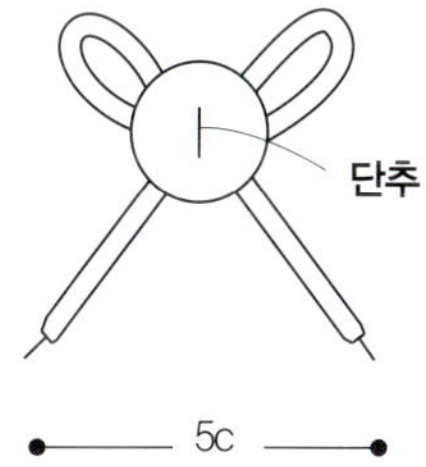

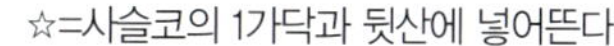
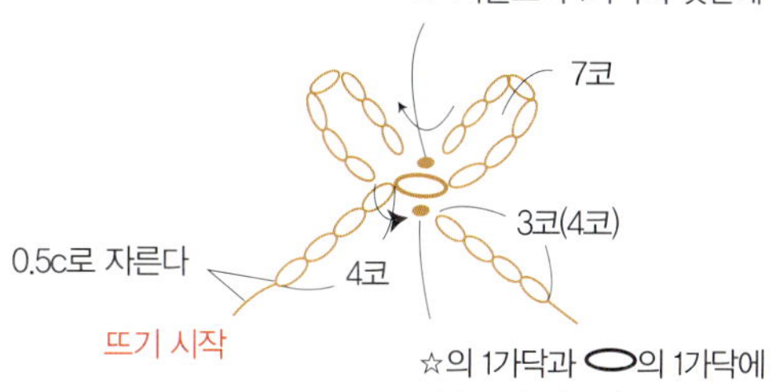

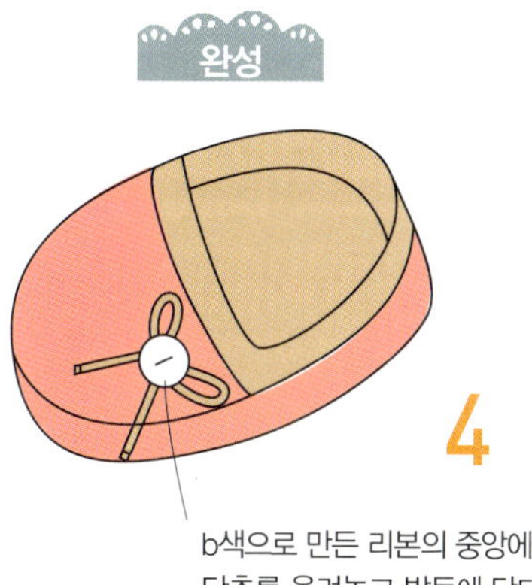

b색으로 만든 리본의 중앙에
단추를 올려놓고 발등에 단다

본판 뜨개도안　　※ 발등의 1~3단은 옆면의 세 번째 단(화살표의 코)에 뜬다

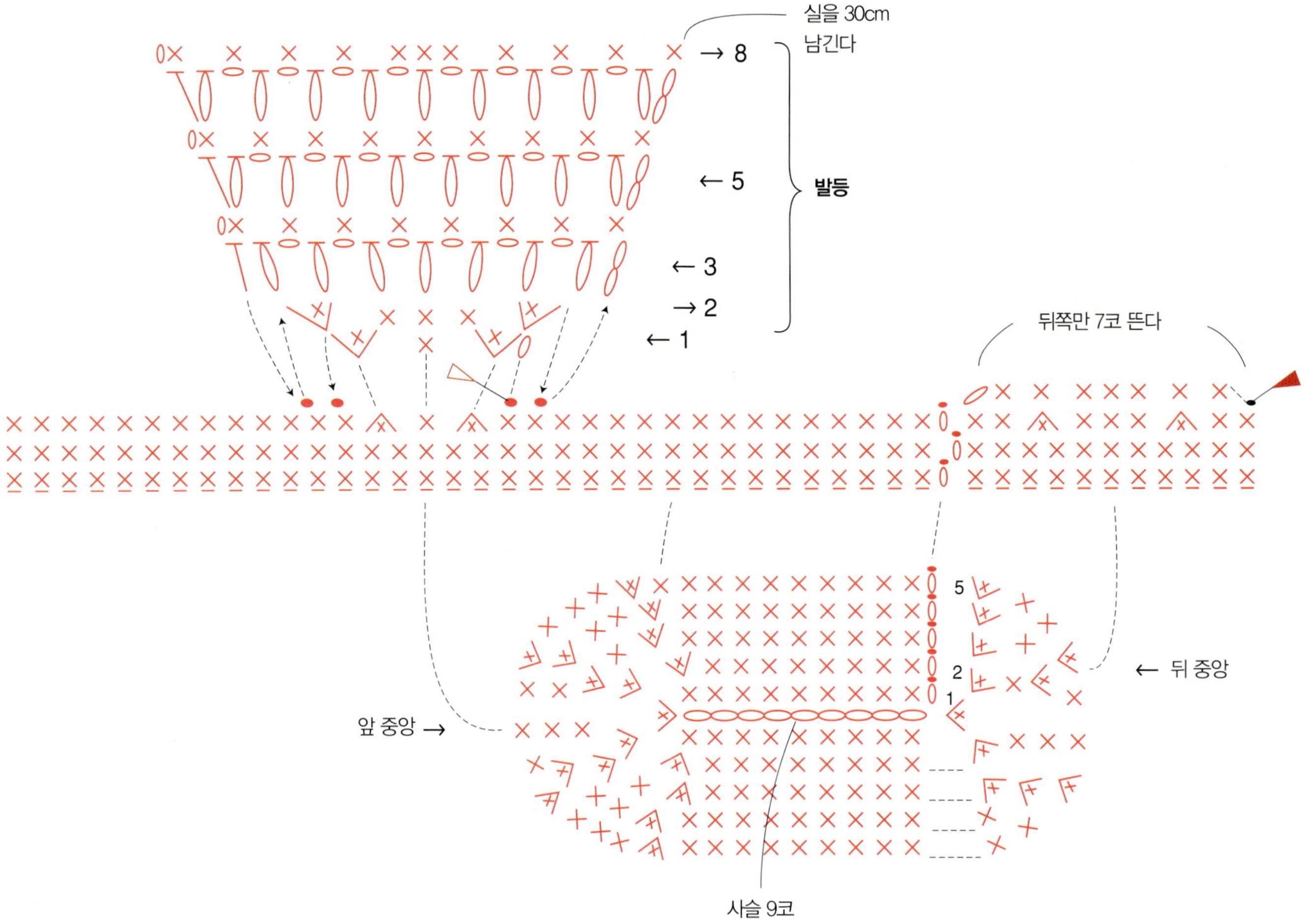

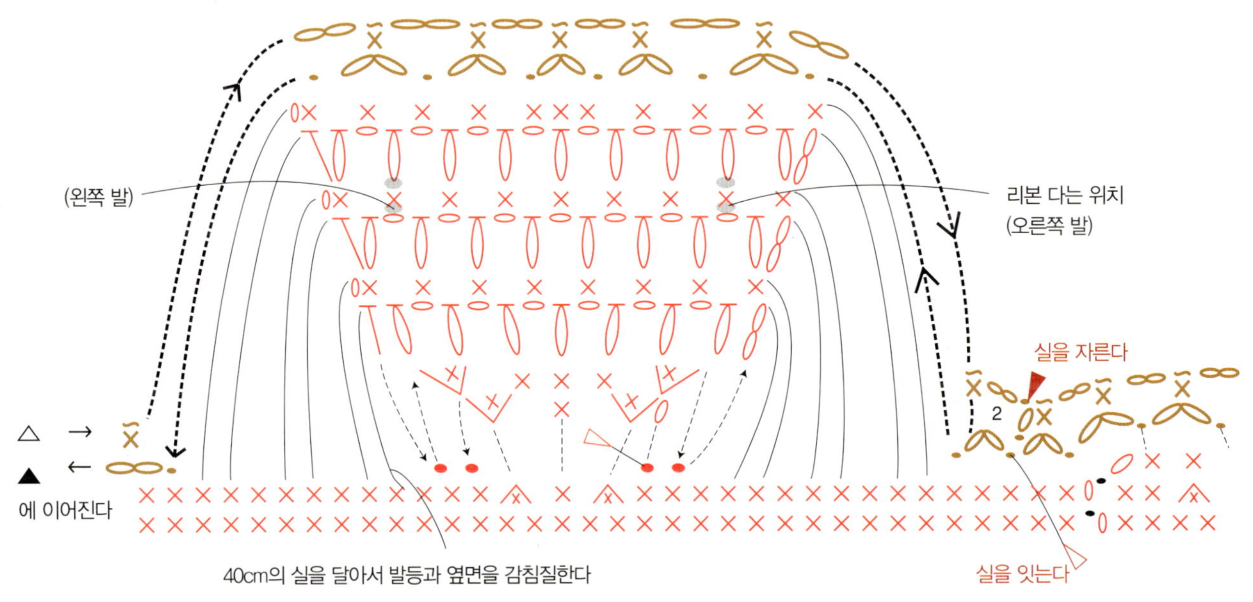

가장자리 뜨개도안

바닥

바닥

5	48코	} 매단 7코 늘림
4	41코	
3	34코	} 매단 6코 늘림
2	28코	
1단	사슬 9코에서 22코 뜬다	

옆면

4	7코(뒤쪽만)
3	44코 4코 줄임
2	48코 증감 없이
1단	48코 뜬다

발등

8	11코	
7	19코	
6	9코	} 도안 참조
5	17코	
4	8코	
3	15코	8코 늘림
2	7코	2코 늘림
1단	5코 뜬다	

(△에 이어진다)

→ 2

← 1(▲)

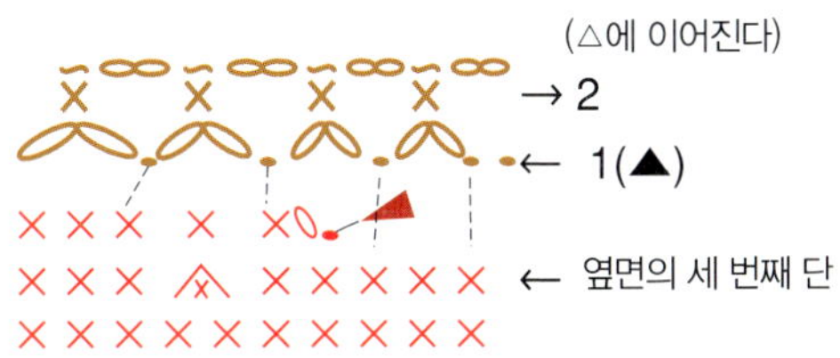

← 옆면의 세 번째 단

한 사람이라도 많은 사람에게
수예를 통해 창작의 기쁨을 드리려 합니다.

하마나카는 사람들의 창조력을 불러일으키는
손뜨개실을 만들고 있습니다. 하지만 실뿐만이 아닙니다.
실을 사용하여 무엇을 만들지, 그 창작의 기쁨이야말로
우리들의 '상품'이라고 생각합니다.
물건이 넘치는 오늘날, 자신만의 것을 만드는
기쁨까지 충족시키는 상품을 만들고 싶다….
하마나카는 손뜨개를 통해
사람들에게 만드는 기쁨을 제공하겠습니다.

Hamanaka

Corporate philosophy

일본에서 만들어진 안전한 고품질 상품을
안정적으로 공급합니다.

미야자키·시가에 있는 생산거점은 하마나카의 고품질 상품을
'안정적으로 제공'하는 기반입니다. 상품개발에서 생산, 판매까지
모두 일괄하여 처리하는 강력한 체제를 기반으로 하마나카는 여러분에게
고품질의 제품을 보내드립니다.

하마나카 호빌주식회사 〈미야자키현〉
녹화우량공장 통산대신상 수상
녹화추진공로자 내각총리대신상 수상

IIIIHANA HAMANAKA Agent in KOREA
703-830 대구광역시 서구 와룡로 87길 19 하나상사
tel : 053-559-1541
fax: 053-559-1546

작품집이나 인터넷에
풍부한 작품 제안

하마나카에서는 많은 작품집을 발간하여 작품 제안에도 힘을 쏟고 있습니다.
또 인터넷을 적극적으로 활용하여 계절에 맞는 작품도 소개합니다.
앞으로도 충실한 작품 제안으로 여러분의 창조하는 기쁨이 더 커지도록 하겠습니다.